上海市建设工程 BIM 技术应用全过程监管系列

上海市民用建筑工程 BIM 技术应用全过程监管研究与实践

琚　娟　马明磊　钱智勇　主　编

洪　辉　单正猷　蒋绮琛　陈　燕　副主编

同济大学出版社
TONGJI UNIVERSITY PRESS
·上海·

图书在版编目（CIP）数据

上海市民用建筑工程 BIM 技术应用全过程监管研究与实践 / 琚娟，马明磊，钱智勇主编；洪辉等副主编 . 上海：同济大学出版社，2024. 12. -- ISBN 978-7-5765-1475-9

Ⅰ . TU745.5-39

中国国家版本馆 CIP 数据核字第 2024RG5938 号

上海市民用建筑工程 BIM 技术应用全过程监管研究与实践

琚　娟　马明磊　钱智勇　**主　编**
洪　辉　单正猷　蒋绮琛　陈　燕　**副主编**

责任编辑　由爱华　　**责任校对**　徐春莲　　**封面设计**　张　微

出版发行　同济大学出版社 www.tongjipress.com.cn
（地址：上海市四平路 1239 号　邮编：200092　电话：021-65985622）
经　　销　全国各地新华书店
印　　刷　常熟市华顺印刷有限公司
开　　本　787mm × 1092mm　1/16
印　　张　8
字　　数　159 000
版　　次　2024 年 12 月第 1 版
印　　次　2024 年 12 月第 1 次印刷
书　　号　ISBN 978-7-5765-1475-9
定　　价　42.00 元

编 委 会

主　　编　琚　娟　马明磊　钱智勇

副 主 编　洪　辉　单正猷　蒋绮琛　陈　燕

参编人员　王君若　周婷婷　严炜炯　戴　薇　周丽南　叶耀东
吴晓宇　白燕峰　汤建新　徐　烨　宋荣敏　阴光华
薛　蔚　刘利惠　孙佳文　张　凡　陈　禹　方庆法
张海歌　管亚军　刘天宇　邓旭萍　潘立程　倪　俭
孙文博　马　良　吴　伟　王惠萍　王　承　黄玮征
赵玲娴　黄　琪　王　怡　王　婷　徐　莉　董玉璞

参编单位　上海市建筑建材业市场管理总站
上海建设管理职业技术学院
中国建筑第八工程局有限公司
上海建工集团股份有限公司
上海建浩工程顾问有限公司
上海建科工程咨询有限公司

前　言

随着信息技术的飞速发展，建筑行业正迎来一场前所未有的技术革命。其中，建筑信息模型（BIM）技术的出现，不仅改变了建筑设计和施工的传统模式，更为建筑行业的可持续发展和精细化管理提供了强有力的技术支撑。近年来，BIM技术在我国得到了广泛的推广和应用，特别是在上海这样的国际大都市，BIM技术的应用更是走在了全国前列。

然而，BIM技术的应用并不能一蹴而就，需要政府、企业和社会各方的共同努力和协作。其中，政府管理部门在BIM技术的推广和应用中发挥着至关重要的作用。如何有效地管理和监管，确保BIM技术的顺利应用，成为摆在我们面前的一道难题。由于缺乏明确的管理思路和有效的监管手段，BIM技术在推进过程中出现了各种问题和矛盾，这不仅影响了BIM技术的推广效果，也给建筑行业的发展带来了一定的阻碍。

从2021年开始，上海市住房和城乡建设管理委员会委托上海市建筑建材业市场管理总站开展了年度建设项目BIM技术应用落实情况检查。三年来，检查工作稳步推进，成效显著，BIM技术应用政策得到有力执行，建设单位牵头BIM技术应用意识逐渐提高，BIM技术应用水平有所提升。然而，通过检查发现，不少项目BIM模型精细度与交付要求仍然存在一些差距，不同项目BIM应用成果质量存在较大差异，BIM过程监管薄弱，不少BIM质量检查发现的问题未能在设计或施工环节解决，导致部分项目BIM应用流于形式，BIM价值没有得到充分发挥。

本书从政府监管的角度，系统梳理和总结了BIM技术在房屋建筑工程应用过程中的监管要点，既可为BIM行政管理部门提供一套系统实用的管理思路和方法，也可为建设、设计、施工、BIM咨询等单位提供有益的参考和借鉴，促进BIM技术在建筑行业的广泛应用和价值落地。

本书共9章，涵盖了房屋建筑工程BIM技术应用全过程监管的各个方面。第1章为绪论，主要介绍了BIM技术的概念、发展历程、政策要求以及BIM应用监管的意义。第2章为BIM技术全过程监管框架，阐述了BIM技术监管的应用场景、整体框架和基本依据，为后续章节的展开奠定基础。第3章至第6章为BIM技术应用全过程监管的具体内容，分别介绍了BIM技术在建筑工程施工图设计、施工准备、施工实施、竣工验收等阶段的监管方法，每章都包含该阶段 BIM 技术应用的履约监管、策划与过程监管、模型监管和应用成果监管 4 个维度，以及相应的监管策略和方法。第 7 章为 BIM 实施情况评估方案，介绍了对项目 BIM 实施情况进行评估的指标体系和具体方案。第 8 章为工程应用，通过具体案例，详细介绍了监管方法的应用过程。第 9 章为结论与展望，对全书进行总结和归纳，并展望了房屋建筑工程 BIM 应用监管的前景和发展方向。

目 录

第1章 绪 论

1.1 BIM技术发展概述

建筑业正处在由高速度增长向高质量发展的转折时期，信息化与建筑业的融合发展已成为建筑业发展的新趋势，将对建筑业发展带来战略性和全局性的影响。建筑信息模型（Building Information Modeling，BIM）技术以其巨大的价值导向力，正在逐渐改变建筑行业的现状和未来。

BIM技术的核心是在3D模型中集成建筑的信息，包括几何信息、时间信息和价格信息，这样不仅可以进行碰撞检查和冲突分析，减少设计图纸的错、漏、碰、缺问题，还可以进行进度模拟和对比分析，提前让参建各方看到整个建造过程，在建造过程中实时进行进度偏差分析与预警，便于及时调整施工进度，同时可以算量、算成本，提高投资管理的效率。因此，BIM技术正深度重塑着建筑产业的新生态，推动世界各国建筑业数字化转型。

从1975年美国乔治亚理工大学的Chuck Eastman教授提出基于计算机的建筑物描述方法以来，BIM技术已经发展了近50年，至2002年，BIM作为一个专业术语，在业界专业人士和主要软件厂商的推动下，才逐步得到推广，成为工程建设行业继CAD之后新一代的技术。

从国外来看，BIM技术主要有政府部门推动、行业组织（协会）推动以及企业自发推动三种模式。在宏观政策方面，英国和美国较为成熟；在推广动力方面，英国动力最强；在政策行动方面，美国、芬兰、韩国偏向于研究、教育和激励，而英国则比较侧重于强制和监督的方式。

英国是在国家层面推进BIM技术最早的国家，也是BIM标准体系最健全的国家。早在1997年，英国建筑业项目信息委员会（CPIC）发布了全球第一个BIM建筑信息分类标准Uniclass。2011年5月，英国内阁办公室发布了《政府建设战略（2011—2015）》，第一次确定了在政府项目中推行BIM技术应用这一战略，并要求到2016年，所有的政府投资项目必须使用BIM技术，强制遵循BIM Level 2要求，并在2020年普遍达到BIM Level 2的水准。2013 年，英国政府制定了“建造 2025”战略规划，提出到 2025 年，建设行业成本降低 33%，交付速度提高 50%，排放降低 50%，出口增加 50%，继续维持英国在建设行业全球领先地位的目标。2015 年，英国发布了“数字建造英国——Level 3 BIM”战略计划，着手为未来 BIM Level 3 的工作做准备，政府层面的 BIM 工作组并入数字建造英国项目。2017 年，英国成立数字建造中心（CDBB）。BIM 在英国可以被认为就是“数字建造”，引入 BIM 标志着建筑业数字化时代的到来，BIM 是建筑业和建设环境数字化转型的核心。与此同时，英国标准协会（British Standard Institution，BSI）等协会也逐步颁布了一系列标准指南、合同来配合建设行业实施 BIM。2013 年 3 月，英国推出 PAS 1192-2 标准（资本 / 交付阶段建筑信息模型信息管理规范），主要目的是加强工程交付管理和财务管理，减少公共部门建设总支出费用。2018 年 12 月，ISO 19650-1 和 ISO 19650-2 两个标准首次发布，分别涉及 BIM 的概念、原则和交付过程。2019 年 10 月，英国 BIM 技术联盟、英国数字建筑中心和英国标准协会共同启动的英国 BIM 框架，取代了 BIM Level 2，集成了 BIM 技术最新标准及指导、构件资源库等信息直接供项目各阶段使用，便于更好地完成建筑的全周期信息化管理。另外，英国建筑规范组（National Building Specification，NBS）还为实施 BIM 的企业开发了相应的软件工具，例如 NBS national BIM Library（提供通用模型和制造商模型）、BIM Create（辅助制定 BIM 信息标准）、NBS BIM Toolkit（在线可视化模型）等。

美国的 BIM 技术发展更多是市场行为，由 BIM 软件厂商驱动，这种推广体系在全球范围来看比较具有独特性。到目前为止，美国联邦政府层面没有出台过任何 BIM 技术推广相关的顶层技术政策。与之相对应的是，BIM 相关标准众多，各大企业在 BIM 应用过程中根据经验形成企业标准与指南，再由协会及国家机构整合后形成国家标准，其最大特点是标准之间相互参考、相互联系。美国一直把 BIM 作为建筑业信息化的基础，2007 年，美国国家建筑科学研究院（National Institute of Building Science，NIBS）发布的美国国家 BIM 标准（NBIMS）第一版中，把 BIM 应用的最高级别定义为“国土安全”，在政府项目 BIM 应用中，首先审查项目应用的 BIM 软件及项目信息管理系统，通过政府审查后才允许应用。

在新加坡的 BIM 应用推广过程中，政策规划引导举足轻重。新加坡政府的目标是建筑业的年生产率增长 2% ～ 3%，政府权威机构新加坡建设局（BCA）2008 年引领多家机构共同努力，实现了世界上首个 BIM 电子提交。自 2010 年起，新加坡建筑业开始采用 BIM 技术并构建 BIM 交付能力。2011 年，新加坡政府发布了《BIM 电子提交指南》，要求到 2015 年，所有建筑面积大于 5 000 平方米的新建项目必须提交 BIM 模型并进行并联审批。为支持申请人的 BIM 应用，2012 年，BCA 发布了《新加坡 BIM 指南（第 1 版）》，为所有 BIM 提交申请人提供参考。该指南明确了项目成员在项目不同阶段使用 BIM 时的角色和职责，由 BIM 可交付成果、BIM 建模和协作程序、BIM 执行计划和 BIM 专业人员组成。同时，BCA 推出了针对三个关键领域的第二个发展路线规划，包括质量更高的劳动力、更高数额的资本投资和整合更佳的建筑业价值链。这三个关键领域标志着新加坡 BIM 从 3D 建模向 4D 和 5D BIM 应用的过渡。

我国从“十五”期间开始，科技部在国家层面通过持续科研立项逐步深入研究，有力推动了 BIM 在我国的发展和应用落地。中央政府也制定了大量 BIM 政策，如《住房城乡建设部关于印发〈2011—2015 年建筑业信息化发展纲要〉的通知》（建质〔2011〕67 号）、《住房城乡建设部关于推进建筑业发展和改革的若干意见》（建市〔2014〕92 号）、《住房城乡建设部关于印发 2016—2020 年建筑业信息化发展纲要的通知》（建质函〔2016〕183 号）、《国务院办公厅关于促进建筑业持续健康发展的意见》（国办发〔2017〕19 号）等，以全面提高建筑业信息化水平，加快推进 BIM 技术在规划、勘察、设计、施工和运营维护全过程的集成应用，实现工程建设项目全生命周期数据共享和信息化管理，为项目方案优化和科学决策提供依据，促进建筑业提质增效。此外，建筑行业协会、学会等组织机构也积极响应政府号召，为 BIM 技术的推广应用建言献策，如中国工程建设标准化协会建筑信息模型专业委员会组织制订 BIM 标准制修订计划，中国图学学会、中国勘察设计协会、中国施工企业管理协会等定期组织行业 BIM 大赛，中国建设教育协会开展培养 BIM 研发和应用人才等。这些策略保障了 BIM 技术的有效实施。

2015 年，《住房城乡建设部关于印发推进建筑信息模型应用指导意见的通知》（建质函〔2015〕159 号）明确提出，到 2020 年底，以国有资金投资为主的大中型建筑以及申报绿色建筑的公共建筑和绿色生态示范小区新立项项目勘察设计、施工、运营维护中，集成应用 BIM 的项目比率达到 90%，同时明确了推进 BIM 应用的指导思想、基本原则、工作重点及保障措施。2016 年，住房和城乡建设部发布的《2016—2020 年建筑业信息化发展纲要》中明确指出，要全面提高建筑业信息化水平，着力增强 BIM、大数据、智能化、移动通信、云计算、物联网等信息技术集成应用能力。住房和城乡建设部先后发布的多项 BIM 相关推广政策中，既有针对 BIM 技术推广的政策性要求，又有具体项目的推进目标，还有从技术层面上对工程全过程 BIM 应用的指导性意见。通过政策影响全国各地建筑领域相关部门对于 BIM 技术的重视。

各省、自治区、直辖市也先后发布 BIM 指导文件、制定 BIM 标准等，推动 BIM 技术在全国各地的推广。2014 年 3 月，北京市地方标准《民用建筑信息模型设计标准》（DB 11/T

1069—2014）发布，并于 2014 年 9 月 1 日正式实施，这是全国第一个 BIM 技术相关标准。2014年 9 月，《广东省住房和城乡建设厅关于开展建筑信息模型 BIM 技术推广应用工作的通知》（粤建科函〔2014〕1652 号）提出，到 2020 年底，广东省建筑面积 2 万平方米及以上的建筑工程项目普遍应用 BIM 技术，这是全国第一个官方 BIM 技术推广应用通知。2014 年 10 月，《上海市人民政府办公厅转发市建设管理委关于在本市推进建筑信息模型技术应用指导意见的通知》（沪府办发〔2014〕58 号），计划到 2017 年，规模以上（投资 1 亿元以上或建筑面积 2 万平方米以上）政府投资工程全部应用 BIM 技术，规模以上社会投资工程普遍应用 BIM 技术，这是第一个省部级人民政府发布的 BIM 技术推进指导意见。截至 2021 年底，全国 34 个省级行政区中有 80% 以上已发布 BIM 相关标准政策。

目前，BIM 技术在北京、上海、广州、深圳等一线城市的应用已十分广泛，遍布工业与民用建筑、轨道交通、市政工程、港口航道等多个行业。中西部地区如武汉、西安等地，随着政策、规范的完善，也已经开始通过试点，分阶段、分步骤推行 BIM 技术。总体来说，BIM 技术应用已经呈现出从设计、施工阶段单阶段应用向全过程应用转变，从单点技术应用向项目管理应用转变，从单机应用向基于协同平台的多方协同应用转变的整体趋势。

上海市 BIM 技术应用在全国一直处于引领地位。2015 年 7 月发布的《上海市推进建筑信息模型技术应用三年行动计划（2015—2017）》，针对“规模以上项目中全面应用 BIM 技术”的工作目标制定了分三步走的详细计划。

根据《上海市国民经济和社会发展第十四个五年规划和二〇三五年远景目标纲要》，上海将全面推动城市数字化转型，加快打造具有世界影响力的国际数字之都。把数字牵引作为推动高质量发展的强劲动能，促进数字技术赋能提升“五个中心”建设，围绕经济数字化、生活数字化、治理数字化等重要领域率先突破，加快培育应用生态体系，推进场景再造、业务再造、管理再造、服务再造，持续推动城市数字化转型。

2020 年底发布的《关于全面推进上海城市数字化转型的意见》（以下简称《意见》），要求深刻认识上海进入新发展阶段全面推进城市数字化转型的重大意义，明确城市数字化转型的总体要求。《意见》指出，要坚持整体性转变，推动“经济、生活、治理”全面数字化转型；坚持全方位赋能，构建数据驱动的数字城市基本框架；坚持革命性重塑，引导全社会共建共治共享数字城市。

新的数字化转型要求对作为数字城市数字底座基本内容之一的 BIM 提出了新要求，赋予了新角色，BIM 技术已进入从被动应用到主动实施的新阶段。

1.2　BIM 技术应用政策要求

面对建筑产品升级趋势，民用建筑的建设也对使用者的使用感受、功能需求的满足以及设计的多功能性、变化性提出了更高的要求。实现民用建筑建设的标准化设计、信息化管理与工业化建设，是提高建设质量、缩短项目工期、控制成本的重要手段。另外，不少民用建筑采用装配式建筑形式，非常适合全过程应用 BIM 技术，BIM 技术应用可为民用建筑的标准化、精细化、数字化设计持续助力。因此，BIM 技术已广泛应用于民用建筑工程建设的设计、施工准备、施工实施各个阶段，部分省市还针对民用建筑出台了 BIM 相关政策标准。

政策方面，以上海市为例，作为全国最早推广 BIM 技术应用的城市之一，2014 年，《上海市人民政府办公厅转发市建设管理委关于在本市推进建筑信息模型技术应用指导意见的通知》（沪府办发〔2014〕58 号）对本市 BIM 技术应用提出明确目标和要求，为 BIM 技术深入应用和发展提供了有力支撑；2017 年，《关于进一步加强上海市建筑信息模型技术推广应用的通知》（沪建建管联〔2017〕326 号）中明确了本市 BIM 技术应用的项目范围：“总投资额 1 亿元及以上或者单体建筑面积 2 万平方米及以上的新建、改建、扩建的建设工程”；在“十三五”“十四五”期间，分别制定了两轮 BIM 技术应用推广三年行动计划，对 BIM 推广应用的政策体系和应用计划进行了顶层规划；2023 年，上海市住房和城乡建设管理委员会联合上海市发展和改革委员会、上海市规划和自然资源局、上海市经济和信息化委员会发布了《关于印发〈上海市全面推进建筑信息模型技术深化应用的实施意见〉的通知》（沪住建规范联〔2023〕14 号），进一步明确了后续五年推进 BIM 技术应用的时间表、路线图；2023 年 12 月，上海市住房和城乡建设管理委员会印发了《关于在本市试行 BIM 智能辅助审查的通知》（沪建建管〔2023〕668 号），明确了上海市应当实施 BIM 技术应用的新建、改建和扩建的房屋建筑工程，试行 BIM 辅助审查。

标准方面，以上海市为例，2015 年、2017 年分别出台了《上海市建筑信息模型技术应用指南》，用于指导参建各方实施 BIM 技术应用；2018 年，出台了《上海市预制装配式混凝土建筑设计、生产、施工 BIM 技术应用指南》，用于指导装配式建筑应用 BIM 技术。2016年以来，还出台了一系列地方标准，形成了标准规范体系。

1.3 BIM 应用监管的作用和意义

为了深化“放管服”改革和优化营商环境，我国多个省市也出台了相应政策，推进加强 BIM 技术应用的监管，推进参建各方开展 BIM 技术应用。

在招投标方面，《上海市建筑信息模型技术应用咨询服务招标示范文本（2015 版）》《上海市建筑信息模型技术应用咨询服务合同示范文本（2015 版）》《上海市建设工程设计招标文本编制涉及建筑信息模型技术应用服务的补充示范条款（2017 版）》等 8 项涉及建筑信息模型技术应用服务的示范文本或补充示范条款，针对房屋建筑工程设计、施工、监理、咨询服务招标活动中的 BIM 技术服务条款进行规范。根据《江苏省住房城乡建设厅江苏省发展改革委印发关于推进房屋建筑和市政基础设施项目工程总承包发展实施意见的通知》（苏建规字〔2020〕5 号），建设单位可在工程总承包招标文件中对 BIM 技术应用提出明确要求，鼓励在评标办法中予以评审和加分，并合理安排专项实施费用。

在施工许可方面，上海、湖南、山西、深圳、广州等多省市陆续出台了 BIM 辅助审图、BIM 交付等相关政策文件。2023 年，上海市开发了 BIM 辅助审查子系统，对施工图 BIM 模型审查进行试点。2020 年，《湖南省住房和城乡建设厅关于开展全省房屋建筑工程施工图 BIM 审查工作的通知（试行）》（湘建设〔2020〕111 号）规定，从 2021 年 1 月 1 日起，全省新建房屋建筑（不含装饰装修）施工图全部实行 BIM 审查，要求在施工图管理信息系统中同步上传二维施工图和 BIM 模型，BIM 模型应与二维施工图保持一致。广州市住房和城乡建设局发布的《关于试行开展房屋建筑工程施工图三维（BIM）电子辅助审查工作的通知》规定，自 2020 年 10 月 1 日起，BIM 审查系统开始试运行，试运行期间建设单位申报施工图审查时应同步提交 BIM 模型进行 BIM 审查。

在竣工验收方面，上海市发布了《关于进一步加强上海市建筑信息模型技术推广应用的通知》（沪建建管联〔2017〕326 号），规定在竣工验收环节，建设单位应当组织编制 BIM 竣工模型和相关资料进行交付验收，验收报告应当增加 BIM 技术应用方面的验收意见，并在竣工验收备案中，填写 BIM 技术应用成果信息。

在档案管理方面，广州市正在建设“城建档案 BIM 资源管理、服务一体化平台”，实现在线接收、存储建设单位移交的建设工程 BIM 模型文件，提供 Web 端模型在线轻量化浏览服务，并预留与建设工程电子档案挂接接口，为 BIM 查档奠定技术基础。苏州市 2019 年 9 月开始建设“苏州市建设项目全程 BIM 监管平台”，建设基于应用 BIM 技术的项目立项、设计方案、招投标、质量安全监管、工程验收、审计和档案等环节的一体化审批监管平台。

本书将初步建立民用建筑 BIM 技术应用全过程监管体系，明确 BIM 技术成果过程交付要求，并通过案例项目对民用建筑BIM技术应用监管要点进行验证，可为政府部门、建设单位、各参建单位及第三方对建设工程的 BIM 技术应用情况进行监管和评价。

第 2 章　BIM 技术全过程监管框架

民用建筑 BIM 技术应用全过程监管是指依据有关法律法规和标准指南要求，对按规定必须应用 BIM 技术的建设工程，在土地出让、规划审批、工程报建、施工图审查、竣工验收备案等环节的 BIM 技术应用情况进行监督管理的活动。本书中的 BIM 全过程监管方法，既可用于政府主管部门对建设工程 BIM 技术应用情况进行检查，也可用于建设单位或第三方机构对建设工程的 BIM 技术应用情况进行评价，还可用于设计、施工单位或 BIM 咨询单位对所实施的项目 BIM 应用情况进行自查。

2.1　监管范围

BIM 技术应用全过程监管的项目范围包括满足当地 BIM 技术应用推广范围的所有建设工程。以上海市为例，监管范围包括（经论证不适合应用 BIM 技术的除外）：

（1）总投资额 1 亿元及以上或者单体建筑面积 2 万平方米及以上（简称“规模以上”）的新建、改建、扩建的建设工程。

（2）各区政府及特定区域管委会规定的上述范围外的建设工程。

2.2　监管场景和整体框架

根据《关于进一步加强上海市建筑信息模型技术推广应用的通知》（沪建建管联〔2017〕326 号）要求和 LCA（Life Cycle Assessment）评价原则，可以把全过程 BIM 应用监管要素分为 BIM 合约（Contract）、BIM 策划（Plan）、BIM 模型（Model）和 BIM 应用（Modeling）四大类（简称 BIM-CPMM 四要素），分析形成 BIM-CPMM 全过程监管框架（表2-1）。

从政府审批环节看，BIM 全过程监管包括土地出让、规划审批、工程报建、施工图审查、竣工验收备案等环节。其中，土地出让、规划审批、工程报建环节的监管仅涉及

表 2-1　BIM-CPMM 全过程监管框架

序号	监管环节	监管部门	监管动作	监管维度				具体要求
				合约	策划	模型	应用	
1	土地出让	规划国土资源部门	明确是否实施 BIM 技术	√				对应当实施 BIM 技术的，规划国土资源部门应当按照主管部门的征询意见，将相关管理要求纳入出让合同
2	规划审批	规划国土资源部门	运用 BIM 模型辅助审批	√				—
3	工程报建	建设行政管理部门	项目报建表信息审核	√				对符合条件的项目，检查是否勾选设计、施工阶段 BIM 应用
4	施工图审查	建设行政管理部门	抽查建设单位 BIM 应用情况			√		检查施工图模型是否达到深度要求、是否办理 BIM 辅助审查
5	施工过程抽查	建设行政管理部门	抽查建设单位 BIM 应用情况	√	√	√	√	施工过程中，对 BIM 应用实施情况进行检查。检查是否按照合同要求落实 BIM 技术应用
6	条件验收	建设行政管理部门	抽查建设单位 BIM 应用情况				√	深基坑开挖、主体结构封顶等条件验收，深基坑、钢结构、幕墙等专项方案验收中，检查 BIM 深化模型是否达到深度，专项报告中是否运用 BIM 技术进行分析
7	竣工验收	建设行政管理部门	抽查建设单位 BIM 应用情况			√		检查是否按照合同要求，完成 BIM 模型和应用，竣工模型和信息深度是否达到要求
8	竣工备案	建设行政管理部门	审核建设单位填报的 BIM 技术应用成果信息					检查应用阶段、应用内容、应用深度、应用成本、成果等信息

BIM 合约内容，BIM 模型及应用的监管从施工图审查环节开始涉及，但不涉及运维阶段。因此，根据工程建设阶段划分及 BIM 应用的深度和广度，本书将民用建筑工程 BIM 技术应用监管阶段划分为施工图设计、施工准备、施工实施和竣工验收 4 个阶段。具体监管内容包括 4 个方面：BIM 合约、BIM 策划与过程、BIM 模型和 BIM 应用成果。

2.3 监管方法

具体监管时，建设行政管理部门在建设项目实施过程中，根据“双随机、一公开”的原则，对建设单位 BIM 应用情况进行抽查，年度抽查项目应当不少于应用 BIM 技术项目的 20%。

检查内容包括建设单位在建设项目土地出让、立项或工可、工程招标或发包、设计、施工、竣工等环节 BIM 技术应用要求落实情况。检查形式通常采用远程和现场相结合方式，由 BIM 实施单位汇报 BIM 应用情况，专家组检查 BIM 合约、BIM 策划方案、BIM 模型和应用成果后进行综合评判并提出改进建议。对不符合应用要求的项目，建设行政管理部门出具整改单，要求建设单位限期整改。

具体检查项目包括 BIM 合约、BIM 策划与过程、BIM 模型和 BIM 应用成果 4 类。BIM 合约、BIM 策划与过程和 BIM 应用成果全数检查。BIM 模型内容较多，采用抽查的方式检查，BIM 模型抽样样本随机抽取，须满足分布均匀、具有代表性的要求。可根据模型元素的特点在下列抽样方案中选取：

（1）计量、计数或计量—计数的抽样方案。

（2）一次、二次或多次抽样方案。

（3）对重要的检查元素，当有简易快速的检验方法时，选用全数检验方案。

（4）经实践证明有效的抽样方案。

2.4 监管依据

上海市民用建筑工程 BIM 技术全过程监管依据的政策文件和标准指南如下。

《关于印发〈上海市全面推进建筑信息模型技术深化应用的实施意见〉的通知》（沪住建规范联〔2023〕14 号）；

《上海市住房和城乡建设管理委员会关于在本市试行 BIM 智能辅助审查的通知》（沪建建管〔2023〕668 号）；

《关于深化新城区域建筑信息模型技术应用的通知》（沪精细化办〔2022〕15 号）；

《上海市住房和城乡建设管理委员会关于印发〈上海市房屋建筑施工图、竣工建筑信息模型建模和交付要求（试行）〉的通知》（沪建建管〔2021〕725 号）；

《关于进一步加强上海市建筑信息模型技术推广应用的通知》（沪建建管联〔2017〕326 号）；

《关于发布〈上海市建筑信息模型技术应用咨询服务招标示范文本（2015 版）〉、〈上海市建筑信息模型技术应用咨询服务合同示范文本（2015 版）〉的通知》（沪建应联办〔2015〕4 号）；

《上海市建设工程设计招标文本编制中涉及建筑信息模型技术应用服务的补充示范条款（2017 版）》（沪建应联办〔2017〕1 号）；

《建筑信息模型分类和编码标准》（GB/T 51269—2017）；

《建筑信息模型设计交付标准》（GB/T 51301—2018）；

《建筑信息模型施工应用标准》（GB/T 51235—2017）；

《上海市建筑信息模型技术应用指南》（2017 版）；

《上海市装配式建筑设计、生产、施工 BIM 技术指南》（2018 版）；

《建筑信息模型技术应用统一标准》（DG/TJ 08—2201—2023）；

《建筑信息模型数据交换标准》（DG/TJ 08—2443—2023）。

第 3 章　施工图设计阶段

3.1　BIM 合约监管

3.1.1　BIM 应用阶段和应用标准

1. 监管要点

（1）项目报建文件中，是否按政策要求选择了设计阶段进行 BIM 技术应用。

（2）在设计合同或 BIM 咨询合同（本章中简称 BIM 合约）中，BIM 应用阶段是否与项目报建文件选择内容一致。

（3）在设计合同或 BIM 咨询合同中，BIM 费用是否单列，BIM 费用结算阶段及内容是否明确。

（4）在设计合同或 BIM 咨询合同中，BIM 应用依据的国家及地区 BIM 规范、政策依据、指导文件是否正确，是否为最新版。

2. 监管方法

检查项目报建文件、BIM 合约文件，是否满足监管要点所列内容。

3.1.2　BIM 应用项和应用成果

1. 监管要点

（1）BIM 合约中，设计阶段 BIM 应用项是否明确。项目 BIM 合约中是否包含所有基础应用，并根据项目要求，选择合适的拓展应用。

（2）BIM 合约中，设计阶段 BIM 应用项的应用成果是否明确，是否与合同付款进度相关联。专业模型成果，除了建筑、结构、暖通、给排水、电气 5 大专业模型外，还需要包含场地（建筑总图）专业模型。本书中的“场地（建筑总图）专业模型”特指：红线内的场地模型，包含场地内地形、场地内地面上各类对象、用地红线的模型表达，简称场地模型。

（3）BIM 合约中，设计阶段 BIM 应用成果是否有明确的深度要求，各阶段 BIM 应用成果深度要求是否满足国家及地区 BIM 规范标准和政策文件要求。

2. 监管方法

（1）检查项目 BIM 合约文件，是否满足监管要点所列内容。

（2）施工图设计阶段民用建筑工程 BIM 应用项和应用成果如表 3–1 所示。

表 3-1　施工图设计阶段民用建筑工程 BIM 应用项和应用成果列表

应用阶段	BIM 应用项	基础应用	拓展应用	应用成果
施工图设计	各专业模型构建	√		建筑专业模型 结构专业模型 暖通专业模型 给排水专业模型 电气专业模型 场地专业模型
	三维管线综合	√		管线综合模型
	碰撞检查	√		碰撞检查报告
	净空优化	√		净高分析报告
	虚拟仿真漫游		√	虚拟仿真图或动画
	二维制图表达		√	模型导出的二维图纸

3.2　BIM 策划与过程监管

3.2.1　BIM 策划

1. 监管要点

1）实施方案

结合项目特点，在项目实施前制定了施工图设计阶段 BIM 实施方案，明确规定项目设计阶段 BIM 应用目标、BIM 应用范围和内容、BIM 组织架构和职责、BIM 实施团队、BIM 协同数据环境、数据交付要求、BIM 协同机制、BIM 实施进度计划等。

2）BIM 应用范围和内容

根据合同内容进行细化，明确 BIM 应用范围、具体应用项和应用成果。

3）组织架构及职责分工

采用业主主导，各参建单位共同参与的协同工作组织架构。明确建设单位、设计单位、BIM 咨询单位（如有）及其他设计分包单位（如有）的 BIM 工作范围和职责。

4）BIM 实施团队

明确 BIM 经理及各参建单位 BIM 成员具体姓名、岗位和职责信息。

5）BIM 协同数据环境

协同数据环境是否包括统一的坐标系统和原点，统一的建模软件及版本（表 3–2），统一的度量单位（表 3–3），明确的模型拆分规则（表 3–4）、模型文件命名规则、模型构件命名规则等。

表 3-2 建模软件及版本要求

序号	数据格式	数据来源	软件版本要求	备注
1	.rvt	Autodesk Revit	2018/2020/2022/2023	
2	.dgn .idgn	Bentley MicroStation	V8i/CE	
		BentleyAECOsim Building Designer	V8i/CE	
3	.ifc	通过 BuildingSmart 联盟 IFC 导出认证的软件	IFC2x3/IFC4	
4	.stl	Dasssult Catia	V5/V6	模型非几何信息在平台处理流程中可能存在缺失风险

注：表中未列出的 BIM 模型格式可以转换成 IFC 格式文件交付；软件版本要求可根据实际情况不定期更新。

表 3-3 BIM 模型度量单位要求

序号	度量参数	单位	符号	保留小数位数
1	长度	毫米	mm	保留 1 位小数
2	标高	米	m	保留 3 位小数
3	面积	平方米	m^2	保留 2 位小数
4	体积	立方米	m^3	保留 3 位小数
5	角度	度	°	保留 2 位小数
6	坡度	度	°	保留 2 位小数

表 3-4　BIM 模型拆分规则

序号	拆分细度	拆分规则
1	按单体	按独立建筑单体或构筑物分别建模
2	按专业	单体内模型按照建筑、结构、暖通、电气、给排水等不同专业类型进行划分
3	按楼层	专业内模型应按自然层、标准层进行划分
4	按子系统	机电专业模型在楼层基础上应按系统功能类型进行再划分，如给排水专业可以将模型拆分为给排水、消防、喷淋系统等子模型

注：专业拆分时不能将同一对象或构件重复拆分到不同专业模型中，单体建模时涉及两个及以上单体附属建筑不能重复拆分到不同单体中。

BIM 模型文件的命名应当遵循统一的规则，文件名称应包括项目编码、阶段、场地 / 单体 / 构筑物 / 施工设施、专业、楼层、系统类型 6 个字段，这些字段用对应的代码表示（表 3–5），字段间用短下划线“_”连接，具体命名规则如下：项目编码 _ 阶段代码 _ 场地 / 单体 / 构筑物 / 施工设施代码 _ 专业 _ 楼层 _ 系统（可选）. 模型后缀名。

表 3-5　编码说明

字段	编码说明
项目编码	统一用项目代码或报建编码
阶段代码	施工图模型统一为 SG，竣工模型统一为 JG
场地 / 单体 / 构筑物 / 施工设施代码	场地编码为 CD； 单体和构筑物代码使用项目报审时形成的单体和构筑物编码，如 D001 和 G001； 施工设施代码为 SS。 举例： 项目编码 _SG_D001_AR_F1.xxx 表示项目 1 号楼 F1 层建筑专业施工图模型
专业代码	专业代码见表 3–6。 若专业代码为 ALL，表示该模型为项目单体的专业整合模型，后续编码字段可省略。 举例： 项目编码 _SG_D001_ALL.xxx 表示项目 1 号楼专业整合施工图模型； 项目编码 _SG_D001_AR_F1.xxx 表示项目 1 号楼 F1 层建筑专业施工图模型
楼层代码	地上楼层代码应以字母 F 开头加 2 位数字（超过 99 层用 3 位数字）表达； 地下楼层编码应以字母 B 开头加 2 位数字表达； 屋顶编码应以 RF 表达； 夹层编码表示方法为：楼层编码 +M。 楼层代码见表 3–7。 若楼层编码为 ALL，表示该模型为项目单体某专业的楼层整合模型，后续编码字段可省略。

续 表

字段	编码说明
楼层代码	举例: 项目编码 _SG_D001_AR_ALL.xxx 表示项目 1 号楼建筑专业楼层整合施工图模型; 项目编码 _SG_ D001_AR_F1.xxx 表示项目 1 号楼 F1 层建筑专业施工图模型。 项目场地模型无须按楼层划分，该层级内容可根据实际情况完善。 举例: 项目编码 _SG_ 场地 _AR_ 地形 .xxx 表示项目场地建筑专业的地形施工图模型
系统代码	机电专业子系统代码见表 3-8。 若楼层编码为 ALL，表示该模型为项目单体某专业某楼层某机电子专业整合模型。 举例: 项目编码 _SG_D001_M_F1_ALL.xxx 表示项目 1 号楼 F1 层暖通专业整合施工图模型; 项目编码 _SG_D001_M_F1_FAS.xxx 表示项目 1 号楼 F1 层暖通专业新风系统施工图模型

表 3-6　专业代码表

专业（中文）	专业（英文）	专业代码（中文）	专业代码（英文）
规划	City Planning	规	CP
总图	General	总	GL
建筑	Architecture	建	AR
结构	Structural	结	ST
预制混凝土结构	Precast Concrete Structure	预砼	PC
钢结构	Steel Structure	钢	SS
幕墙	Curtain	幕	CT
装饰	Decoration	饰	DR
暖通	Air Conditioning	暖	AC
给排水	Plumbing and Drainage	水	PD
电气	Electrical	电	EL
智能化	Telecommunications	通	TM
动力	Energy Power	动	EP
消防	Fire Protection	消	FP
勘察	Survey	勘	SV
景观	Landscape	景	LS
室内装饰	Interior	室内	IN
绿色节能	Green Building	绿建	GR
环境工程	Environmental Engineering	环	EE
地理信息	Geographic Information System	地	GIS
产品	Product	产品	PD
其他专业	Other Disciplines	其他	XD

表 3-7　楼层及标高编码表

楼层	楼层编码	建筑标高命名	结构标高命名
屋顶	RF	RF- 标高值	RF(S)- 标高值
…	…	…	…
地上二层	2F	2F- 标高值	2F(S)- 标高值
地上一层夹层	1MF	1MF- 标高值	1MF(S)- 标高值
地上一层	1F	1F- 标高值	1F(S)- 标高值
地下一层	B1	B1- 标高值	B1(S)- 标高值
地下二层	B2	B2- 标高值	B2(S)- 标高值
…	…	…	…

注：① 避难层、设备层等特殊楼层的标高命名中应包含相关关键词，如“避难层”“设备层”等，可命名为：27F(避难层)- 标高值；
② 室外地坪标高命名为：室外地坪 - 标高值。

表 3-8　机电专业子系统代码表

系统名称	系统编码	系统名称	系统编码
新风系统	FAS	室内消防栓系统	FHS
加压送风系统	PAS	自动喷淋系统	ASS
送风系统	SAS	生活给水系统	TWS
排风系统	EAS	热水给水系统	HWSS
回风系统	RAS	重力废水系统	GWS
排烟系统	SES	压力污水系统	PSS
冷煤水系统	CWS	冷凝水系统	CS
通风系统	VLS	消防弱电系统	FA
照明系统	LTS	排油烟系统	KES
事故排风系统	AEA	放散管系统	BS
厨房补风系统	KMS	中压天然气系统	MGS
低压天然气系统	LGS	热风幕供水系统	WACS
热风幕回水系统	WACR	一次侧热水回水系统	HRS
一次侧热水供水系统	HSS	定压系统	PRS
排水系统	DS	地板辐射采暖系统	FHS
自来水系统	CWS	二次侧生活热水供水系统	HSS
二次侧生活热水回水系统	HRS	二次侧供暖供水管系统	RSS
二次侧供暖回水管系统	RRS	软化水系统	SWS
补水系统	MUS	空调冷热水供水系统	CHS
空调冷热水回水系统	CHR	空调冷冻水供水系统	CSS

续 表

系统名称	系统编码	系统名称	系统编码
空调冷冻水回水系统	CRS	冷却水供水系统	CTS
冷却水回水系统	CTR	冷却水补水系统	CWIS
直饮水给水系统	DDWS	重力雨水系统	GSDS
污水排水系统	GSS	市政直供给水系统	MWSS
加压给水系统	PWSS	厨房重力废水系统	KGWS
虹吸雨水系统	SRDS	送风兼补风系统	SA/MUS
送风系统	SAS	膨胀水系统	EWS
消防补风系统	SSS	室外消防系统	OFFS
气体灭火系统	GFES	细水雾灭火系统	WMS
窗玻璃防护冷却系统给水系统	PPCSWPS	水喷雾灭火系统	WSES
自动水炮灭火给水系统	AWCFWS		

BIM 模型构件应当采用统一的构件命名规则，并应当符合以下原则。

（1）名称简明且易于辨识。

（2）同一项目中，表示相同工程对象的构件命名应具有一致性。

（3）宜使用汉字、英文字符、数字、半角下划线“_”和半角连字符“-”组成。

（4）构件名称应由构件类型、系统分类、空间位置、构件名称、描述字段（可省略）依次组成，其间宜以半角下划线“_”隔开。必要时，字段内部的词组宜以半角连字符“-”隔开。

（5）各字符之间、符号之间、字符与符号之间均不留空格。

机电专业模型中应根据不同的机电各专业（子）系统类型为构件设置相应的颜色，机电专业（子）系统构件颜色代码宜符合表 3-9—表 3-12 的规定。建筑信息模型中存在表中未定义的(子)系统构件，可自行选择与同专业已存在的颜色有明显差异的颜色代码，并在“模型使用”中进行说明。

表 3-9 通风系统构件颜色表

序号	分类	二级系统名称	颜色（RGB）	
1	送风	送风	0, 128, 255	
2		加压送风	0, 204, 102	
3		送风兼补风	0, 255, 255	

续 表

序号	分类	二级系统名称	颜色（RGB）	
4	送风	消防补风	255, 153, 204	
5		厨房补风	0, 255, 255	
6		平时补风	0, 255, 255	
7		新风兼补风	0, 255, 0	
8		新风	0, 255, 0	
9	采暖	采暖	255, 80, 80	
10	回风	回风	255, 0, 255	
11	排风	排风	255, 128, 0	
12		排烟	175, 175, 0	
13		排风兼排烟	175, 175, 0	
14		排油烟	160, 80, 0	
15		事故兼排风	255, 128, 0	
16		厨房排风	255, 128, 0	
17	除尘管	除尘管	180, 238, 180	

表 3-10　空调水系统构件颜色表

序号	分类	二级系统名称	颜色（RGB）	
1	空调水回水	空调热水回水	255, 0, 128	
2		空调冷冻水回水	0, 0, 225	
3		空调冷却水回水	0, 255, 255	
4		空调冷热水回水	102, 153, 255	
5	空调水供水	空调热水供水	255, 0, 128	
6		空调冷冻水供水	0, 0, 225	
7		空调冷却水供水	0, 255, 255	
8		空调冷热水供水	102, 153, 255	
9	空调冷凝水	空调冷凝水	51, 204, 204	
10	制冷剂管道	制冷剂管道	0, 0, 255	
11	采暖	膨胀水	128, 128, 0	
12		一次侧热水回水	255, 255, 0	
13		一次侧热水供水	255, 255, 0	

续 表

序号	分类	二级系统名称	颜色（RGB）	
14	采暖	二次侧供暖回水	255, 255, 153	
15		二次侧供暖供水	255, 255, 153	
16		热水回水	255, 153, 0	
17		热水供水	255, 153, 0	
18		热风幕回水	255, 153, 0	
19		热风幕供水	255, 153, 0	
20		地板辐射采暖	255, 153, 0	
21		软化水	255, 204, 0	
22		定压水	255, 204, 0	

表 3-11 给排水系统构件颜色表

序号	分类	二级系统名称	颜色（RGB）	
1	消防	喷淋系统	255, 0, 255	
2		气体灭火系统	255, 0, 255	
3		消火栓系统	255, 0, 0	
4		消防水炮系统	255, 0, 255	
5		细水喷雾系统	255, 0, 255	
6		雨淋系统	255, 0, 255	
7	废水	重力废水	102, 51, 0	
8		压力废水	153, 102, 0	
9		餐饮压力废水	153, 102, 0	
10	污水	重力污水	0, 102, 102	
11		压力污水	0, 153, 153	
12		餐饮压力污水	0, 153, 153	
13	通气管	通气管	255, 255, 204	
14	雨水	室内雨水	0, 255, 255	
15		室外雨水	0, 255, 255	
16		虹吸雨水	0, 255, 255	
17	生活供水	生活给水	0, 255, 0	
18		生活热水	255, 153, 102	

续 表

序号	分类	二级系统名称	颜色（RGB）	
19	生活供水	自来水	0, 255, 0	
20		加压给水	0, 255, 0	
21		补水	0, 255, 0	
22	中水供水管	中水供水	128, 255, 128	
23	软化水管	软化水管	255, 204, 0	
24	太阳能	太阳能热水供水管	255, 153, 102	
25	太阳能	太阳能热水回水管	255, 153, 102	
26	排水	排水	204, 153, 0	
27	市政	市政直供给水	0, 255, 0	
28		市政中水给水管	128, 255, 128	
29		室外消防	255, 0, 0	
30		室外雨水	0, 255, 255	
31		室外排水	204, 153, 0	
32	景观	景观给水	0, 255, 0	
33		景观雨水	0, 255, 255	

表 3-12　电气系统构件颜色表

序号	分类	二级系统名称	颜色（RGB）	
1	强电	35 kV 线槽	255, 0, 255	
2		10 kV 线槽	255, 0, 0	
3		400 V 干线应急桥架	255, 0, 128	
4		400 V 干线普通桥架	255, 128, 192	
5		密集母线线槽	255, 128, 64	
6		动力应急桥架	255, 0, 128	
7		动力普通桥架	255, 128, 255	
8		梯级式应急桥架	255, 0, 128	
9		梯级式普通桥架	255, 128, 192	
10		照明应急桥架	255, 0, 128	
11		照明普通桥架	0, 255, 0	
12	弱电	建筑设备监控桥架	0, 0, 225	

续 表

序号	分类	二级系统名称	颜色（RGB）	
13	弱电	无线覆盖网络桥架	0, 128, 0	
14		火灾报警桥架	128, 0, 255	
15		广播系统桥架	64, 128, 128	
16		弱电综合布线桥架	128, 0, 128	
17		安防监控桥架	0, 128, 255	
18		物业网络桥架	128, 128, 192	
19		安防电源桥架	255, 128, 128	
20		弱电供电电源桥架	0, 255, 255	
21		防雷接地系统	153, 204, 255	

6）数据交付要求

根据《建筑信息模型施工应用标准》（GB 51235—2017）和《上海市房屋建筑施工图、竣工建筑信息模型建模和交付要求（试行）》（沪建建管〔2021〕725 号，简称《交付要求》），施工图 BIM 模型交付内容包括模型单元（element）和属性信息（attribute）两部分，其中属性信息又包括几何信息和非几何信息两部分。

常见工程对象模型单元在施工图设计阶段的交付深度如表 3-13—表 3-18 所示。

表 3-13 施工图设计阶段建筑工程对象模型单元交付深度

序号	工程对象	模型单元	几何信息	非几何信息
1	非承重墙	基层、保温层、面层	尺寸、位置	类型、材质、保温性能
2	建筑柱	基层、面层	尺寸、位置	类型、材质
3	门 / 窗	轮廓	尺寸、位置	规格型号、材质
4	阳台、露台	基层、面层	尺寸、位置	类型、材质
5	楼梯	梯段 / 平台、栏杆 / 栏板轮廓	尺寸、位置	类型、材质
6	屋面	基层、保温层、面层	尺寸、位置	类型、材质、保温性能
7	雨棚	基层、面层、支撑构件轮廓	尺寸、位置	类型、材质
8	坡道	基层、面层	尺寸、坡度、位置	类型、材质
9	排水沟	基层、面层	尺寸、坡度、位置	类型、材质
10	集水井	基层、面层	尺寸、位置	类型、材质
11	栏杆	轮廓	尺寸、位置	类型、材质
12	幕墙	轮廓	尺寸、位置	类型、材质

表 3-14　施工图设计阶段结构工程对象模型单元交付深度

序号	工程对象	模型单元	几何信息	非几何信息
1	基础	承台、桩基础	尺寸、位置	类型、材质及标号
2	梁	梁段	尺寸、位置	类型、材质及标号
3	板	板段	尺寸、位置	类型、材质及标号
4	结构柱	柱段	尺寸、位置	类型、材质及标号
5	承重墙	墙段	尺寸、位置	类型、材质及标号
6	预留预埋	预埋件、洞口、套管	尺寸、位置	类型、材质
7	斜撑	斜撑	尺寸、角度、位置	类型、材质及标号
8	檩条	檩条	尺寸、位置	类型、材质及标号

表 3-15　施工图设计阶段给排水工程对象模型单元交付深度

序号	工程对象	模型单元	几何信息	非几何信息
1	供水设备	水箱轮廓	尺寸、位置	材质
2	排水设备	隔油设备轮廓	尺寸、位置	类型、材质
3	消防设备	消防水池，消防水泵、消防水箱、消火栓的轮廓	尺寸、位置	类型、材质
4	给排水管道	管道、清扫口、检查口	尺寸、坡度、位置	系统分类

注：设施设备轮廓需要满足施工图尺寸要求（下同）。

表 3-16　施工图设计阶段暖通工程对象模型单元交付深度

序号	工程对象	模型单元	几何信息	非几何信息
1	通风设备	风机轮廓	位置	类型
2	空调设备	冷水机组、新风机组、风机盘管的轮廓	位置	规格型号
3	风管	风管、保温	管径、标高	系统分类
4	风道末端	风口轮廓	位置	规格型号

表 3-17　施工图设计阶段电气工程对象模型单元交付深度

序号	工程对象	模型单元	几何信息	非几何信息
1	变配电所	变压器轮廓	位置	规格型号
2	电气设备	机柜、配电箱的轮廓	位置	规格型号
3	应急设备	发电机组轮廓	位置	规格型号
4	桥架	桥架轮廓	尺寸、标高	系统分类、材质

表 3-18　施工图设计阶段场地工程对象模型单元交付深度

序号	工程对象	模型单元	几何信息	非几何信息
1	道路	铺面	位置	类型、材质
2	停车场	路面	位置	类型、材质
3	消防设施	登高面、消火栓	位置	类型、材质
4	围墙大门	围墙、大门	尺寸、位置	类型、材质
5	室外管线	管道、管井	管径、位置	类型、系统分类、材质

7）BIM 协同机制

BIM 协同机制包括 BIM 专题会议机制、BIM 成果邮件分发机制、BIM 设计应用与项目管理融合流程、BIM 文档资料管理等 BIM 管理机制和流程等。

8）BIM 进度计划

在项目进度计划的基础上，需要编制合理、与设计进度计划匹配的 BIM 实施进度计划。

2. 监管方法

1）实施方案

检查施工图设计阶段 BIM 实施方案，项目概况、工程特点和难点是否具有针对性；项目设计阶段 BIM 应用目标、BIM 应用范围和内容、BIM 组织架构和职责、BIM 环境配置、数据交换要求、数据交付要求、BIM 实施进度计划等是否明确。

2）BIM 应用范围

检查 BIM 应用范围，包括本项目全单体、全楼层和全专业。BIM 应用项符合表 3-1 所列内容。

3）组织架构及职责分工

检查 BIM 实际实施过程中，BIM 协同工作是否由建设单位牵头、参建各方共同协同，避免由 BIM 咨询单位一家包干、BIM 实施和项目建设“两张皮”现象；检查施工图 BIM 模型谁建模、谁审核、设计图纸谁修改的职责划分，避免 BIM 实施未纳入施工图设计管理流程而产生的 BIM 内循环问题。

4）BIM 实施团队

检查 BIM 实施团队人员是否包含建设单位、设计单位、BIM 咨询单位（如有）等各参建单位，避免只包含 BIM 咨询或设计一家单位。

检查 BIM 实施团队人员具体姓名、岗位和职责信息是否明确，需要专业齐全、责任到人。

检查 BIM 经理的到岗情况和 BIM 经理更换（如有）时的交接情况。BIM 经理对一个项目 BIM 实施的成功与否至关重要，不少项目由于 BIM 经理的频繁更换导致 BIM 实施效果不理想。因此，这一点是 BIM 实施团队的检查重点之一。原则上从 BIM 技术应用工作开始到结束，BIM 经理不得随意更换。当发生以下情形之一时，经建设单位分管领导同意，可更换 BIM 经理。

① 因身体原因不能胜任 BIM 工作的；

② 劳动合同到期不再续签、劳动合同解除或终止的；

③ 建设单位同意更换的。

更换后的 BIM 经理应负责做好移交衔接工作，防止项目出现 BIM 经理缺位状况。

BIM 经理到岗情况检查主要检查 BIM 经理的出勤情况、组织并参加 BIM 专题会议情况、BIM 文件签署情况。重点检查是否存在下列行为。

① 组织并参加 BIM 专题会议少于 3 次；

② BIM 相关文件或会议签到由他人代为签署 3 处（含）以上；

③ 未参加 BIM 阶段成果验收。

BIM 机制流程检查，主要检查 BIM 管理流程设计是否完整准确，BIM 问题追踪机制是否明确，专题会议会议纪要和签到表格式内容是否全面准确，BIM 团队成员联系方式是否完整，BIM 文档资料管理如收发文件登记、检查记录等格式内容是否全面准确。

5）BIM 协同数据环境

检查协同数据环境是否包括统一的坐标系统和原点，统一的建模软件及版本（表 3–2），统一的度量单位（表 3–3），明确的模型拆分规则（表 3–4）、模型文件命名规则、模型构件命名规则和施工图模型深度要求。

6）数据交付要求

检查是否根据《建筑信息模型施工应用标准》（GB/T 51235—2017）和《上海市房屋建筑施工图、竣工建筑信息模型建模和交付要求（试行）》（沪建建管〔2021〕725 号），制定了项目级数据交付要求，施工图 BIM 模型交付内容需要包括模型单元和属性信息。可参考表 3–13—表 3–18。

7）BIM 协同机制

检查是否制定了 BIM 专题会议机制、BIM 成果邮件分发机制、BIM 设计应用与项目管理融合流程、BIM 文档资料管理等 BIM 管理机制和流程等。

8）BIM 进度计划

检查是否制定了 BIM 实施进度计划，BIM 进度计划是否合理，是否与工程进度计划有效匹配。

3.2.2 BIM 过程监管

1. 监管要点

（1）BIM 模型更新是否及时；

（2）BIM 问题追踪管理是否形成闭环；

（3）BIM 经理及各参建单位 BIM 骨干人员是否存在明显变动，是否到岗；

（4）BIM 实施是否及时。

2. 监管方法

（1）检查施工图设计模型是否有不同版本，至少需要有碰撞检查前后版模型。

（2）对比碰撞报告、净高分析报告等，检查设计单位是否对 BIM 团队提出的问题作出了合理明确的答复；涉及图纸修改的，设计单位是否完成了图纸修改；BIM 团队是否对 BIM 问题整改完成情况进行确认。

（3）检查 BIM 经理是否有到岗证明；BIM 经理如有变动，变更审批手续是否齐全，工作交接流程是否规范；骨干人员如有变动，调入调出是否有书面记录，工作交接是否规范；现场 BIM 人员是否到位。

（4）检查第一版施工图 BIM 模型完成日期是否在施工图审图之前，修改版施工图 BIM 模型完成日期是否在施工许可证发放日期之前。

3.3 BIM 模型监管

根据《上海市房屋建筑施工图、竣工建筑信息模型建模和交付要求（试行）》（沪建建管〔2021〕725 号），模型监管内容包括几何信息深度、属性信息深度两个方面。在专业模型检查前，首先需要检查项目施工图设计模型的专业完整性，是否包括建筑、结构、暖通、给排水、电气、场地 6 个专业，然后开始对每个专业分别检查。

3.3.1　建筑专业模型

1. 监管要点

监管要点主要包括模型完整性、模型合规性、模型精细度和图模一致性。

2. 监管方法

1）模型完整性

检查建筑专业模型是否包含外墙、内墙、幕墙、门 / 窗、屋面、楼 / 地面、顶棚、楼梯/台阶、坡道、排水沟、集水井、栏杆、人防构件等对象；

检查幕墙是否包含嵌板（玻璃、百叶）、主要支撑构件等对象；

检查门 / 窗是否包含防火卷帘门等对象；

检查楼梯 / 台阶是否包含梯段、栏杆等对象；

检查坡道是否包含面层等对象，坡道梁、坡道板检查结构专业模型；

检查集水井是否包含面层开洞等对象，集水井底板、侧壁检查结构专业模型；

检查人防构件是否包含人防门等对象。

2）模型合规性

模型文件命名合规性。检查建筑专业模型名称，是否与项目策划方案中的模型文件命名规则一致，例如，项目简称 _ 子项名称 _ 专业，相应名称应为：JKZX_1_AR。如果项目策划方案中未说明模型文件命名规则，可参考《交付要求》。

模型单元命名合规性。检查一面建筑墙的模型单元名称，是否与项目策划方案中的模型单元命名规则一致，例如，墙体类型 _ 墙厚 _ 材质，相应名称应为：内墙 _200_ 砌块。如果项目策划方案中未说明模型文件命名规则，可参考《交付要求》。

建筑模型标高命名合规性。检查建筑标高名称，是否与项目策划方案中的模型标高命名规则一致，例如，楼层代码 – 建筑标高值（标高值以米为单位计量，并保留小数点后 3 位），相应名称应为：2F–5.200。如果项目策划方案中未说明模型文件命名规则，可参考《交付要求》。

3）模型精细度

模型单元几何信息深度。检查建筑内墙，顶标高位置是否正确，例如挑空区域、坡道区域、吊顶区域等。

模型单元属性信息深度。检查门 / 窗构件，是否有类型名称（例如门窗编号）、尺寸、材质等信息。

4）图模一致性

抽查 1 处建筑墙构件，几何尺寸、标高、材质信息是否与图纸一致。

建筑专业施工图 BIM 模型监管要点与监管方法具体如表 3-19 所示。

表 3-19 建筑专业施工图 BIM 模型检查表

应用项	监管成果	监管要点	监管方法	检查结果
施工图模型	建筑专业模型	模型完整性	检查建筑专业模型是否包含外墙、内墙、幕墙、门 / 窗、屋面、楼 / 地面、顶棚、楼梯 / 台阶、坡道、排水沟、集水井、栏杆、人防构件等对象	是□ 否□
			检查幕墙是否包含嵌板（玻璃、百叶）、主要支撑构件等对象	是□ 否□
			检查门 / 窗是否包含防火卷帘门等对象	是□ 否□
			检查楼梯 / 台阶是否包含梯段、栏杆等对象	是□ 否□
			检查坡道是否包含面层等对象，坡道梁、坡道板检查结构专业模型	是□ 否□
			检查集水井是否包含面层开洞等对象，集水井底板、侧壁检查结构专业模型	是□ 否□
			检查人防构件是否包含人防门等对象	是□ 否□
		模型合规性	模型文件命名合规性。检查建筑专业模型名称，是否与项目策划方案中的模型文件命名规则一致，例如，项目简称 _ 子项名称 _ 专业，相应名称应为：JKZX_1_AR。如果项目策划方案中未说明模型文件命名规则，可参考《交付要求》	是□ 否□
			模型单元命名合规性。检查一面建筑墙的模型单元名称，是否与项目策划方案中的模型单元命名规则一致，例如，墙体类型 _ 墙厚 _ 材质，相应名称应为：内墙 _200_ 砌块。如果项目策划方案中未说明模型文件命名规则，可参考《交付要求》	是□ 否□
			建筑模型标高命名合规性。检查建筑标高名称，是否与项目策划方案中的模型标高命名规则一致，例如，楼层代码 - 建筑标高值（标高值以米为单位计量，并保留小数点后 3 位），相应名称应为：2F-5.200。如果项目策划方案中未说明模型文件命名规则，可参考《交付要求》	是□ 否□
		模型精细度	模型单元几何信息深度。检查建筑内墙，顶标高位置是否正确，例如挑空区域、坡道区域、吊顶区域等	是□ 否□
			模型单元属性信息深度。检查门 / 窗构件，是否有类型名称（例如门窗编号）、尺寸、材质等信息	是□ 否□
		图模一致性	抽查 1 处建筑墙构件，几何尺寸、标高、材质信息是否与图纸一致	是□ 否□

3.3.2　结构专业模型

1. 监管要点

监管要点主要包括模型完整性、模型合规性、模型精细度和图模一致性。

2. 监管方法

1）模型完整性

检查结构专业模型是否包含基础、梁、板、柱、混凝土墙、人防构件等对象；

检查结构墙是否包含预留预埋洞口等对象；

检查基础是否包含承台等对象；

检查集水坑是否包含底板侧壁等对象，结构板是否开洞；

检查楼梯是否包含梯梁、梯柱、休息平台等对象；

检查坡道是否包含坡道梁、坡道板等对象；

检查人防构件是否包含人防墙、人防口部等对象。

2）模型合规性

模型文件命名合规性。检查结构专业模型名称，是否与项目策划方案中的模型文件命名规则一致，例如，项目简称 _ 子项名称 _ 专业，相应名称应为：JKZX_1_ST。如果项目策划方案中未说明模型文件命名规则，可参考《交付要求》。

模型单元命名合规性。检查一面结构梁的模型单元名称，是否与项目策划方案中的模型单元命名规则一致，例如，梁类型 _ 尺寸，相应名称应为：连梁 _400 × 1800。

结构模型标高命名合规性。检查结构标高名称，是否与项目策划方案中的模型标高命名规则一致，例如，楼层代码（结构缩写）– 结构标高值（标高值以米为单位计量，并保留小数点后 3 位），相应名称应为：2F(S)–5.100。如果项目策划方案中未说明模型文件命名规则，可参考《交付要求》。

3）模型精细度

模型单元几何信息深度。检查结构柱构件，是否分层（混凝土结构柱）或分段（钢结构柱）建模。

模型单元属性信息深度。检查结构梁构件，是否有类型名称、尺寸定位信息、材质、混凝土标号信息等。

4）图模一致性

抽查 1 根结构梁构件，几何尺寸、标高、材质信息是否与图纸一致。

结构专业施工图 BIM 模型监管要点与监管方法具体如表 3-20 所示。

表 3-20 结构专业施工图 BIM 模型检查表

应用项	监管成果	监管要点	监管方法	检查结果
施工图模型	结构专业模型	模型完整性	检查结构专业模型是否包含基础、梁、板、柱、混凝土墙、人防构件等对象	是□ 否□
			检查结构墙是否包含预留预埋洞口等对象	是□ 否□
			检查基础是否包含承台等对象	是□ 否□
			检查集水坑是否包含底板侧壁等对象，结构板是否开洞	是□ 否□
			检查楼梯是否包含梯梁、梯柱、休息平台等对象	是□ 否□
			检查坡道是否包含坡道梁、坡道板等对象	是□ 否□
			检查人防构件是否包含人防墙、人防口部等对象	是□ 否□
		模型合规性	模型文件命名合规性。检查结构专业模型名称，是否与项目策划方案中的模型文件命名规则一致，例如，项目简称 _ 子项名称 _ 专业，相应名称应为：JKZX_1_ST。如果项目策划方案中未说明模型文件命名规则，可参考《交付要求》	是□ 否□
			模型单元命名合规性。检查一面结构梁的模型单元名称，是否与项目策划方案中的模型单元命名规则一致，例如，梁类型 _ 尺寸，相应名称应为：连梁 _400×1800	是□ 否□
			结构模型标高命名合规性。检查结构标高名称，是否与项目策划方案中的模型标高命名规则一致，例如，楼层代码（结构缩写）- 结构标高值（标高值以米为单位计量，并保留小数点后 3 位），相应名称应为：2F(S)-5.100。如果项目策划方案中未说明模型文件命名规则，可参考《交付要求》	是□ 否□
		模型精细度	模型单元几何信息深度。检查结构柱构件，是否分层（混凝土结构柱）或分段（钢结构柱）建模	是□ 否□
			模型单元属性信息深度。检查结构梁构件，是否有类型名称、尺寸定位信息、材质、混凝土标号信息等	是□ 否□
		图模一致性	抽查 1 根结构梁构件，几何尺寸、标高、材质信息是否与图纸一致	是□ 否□

3.3.3 暖通专业模型

1. 监管要点

监管要点主要包括模型完整性、模型合规性、模型精细度和图模一致性。

2. 监管方法

1）模型完整性

检查暖通专业模型是否包含冷热源设备、暖通水系统设备、供暖设备、通风 / 除尘及防排烟设备、空气调节设备、管路及管路附件、风道末端、人防构件等对象；

检查管路是否包含该项目各暖通系统 DN50 以上管道、风管、保温层等对象；

检查附件末端是否包含阀门仪表、消声器、风口等对象；

检查人防构件是否包含人防风管、设备、阀门等对象。

2）模型合规性

模型文件命名合规性。检查暖通专业模型名称，是否与项目策划方案中的模型文件命名规则一致，例如，项目简称 _ 子项名称 _ 专业，相应名称应为：JKZX_1_AC。如果项目策划方案中未说明模型文件命名规则，可参考《交付要求》。

模型单元命名合规性。检查暖通管线的系统及颜色方案，是否与项目策划方案中的暖通系统及颜色方案一致，例如，二级系统名称空调冷却水供水，相应颜色（RGB）应为：0, 255, 255。如果项目策划方案中未说明暖通系统及颜色方案，可参考《交付要求》。

3）模型精细度

模型单元几何信息深度。检查暖通机房，优先冷热源机房，设备与施工图尺寸一致、接管方向正确、管线齐全、管件附件末端保温齐全。

模型单元属性信息深度。检查空调冷凝水管，是否有系统分类名称、管径、标高、坡度、管材连接方式、保温材质厚度等。

4）图模一致性

抽查 1 处暖通主管，几何尺寸、系统名称、管材连接方式、坡度、保温要求是否与图纸一致。

暖通专业施工图 BIM 模型监管要点与监管方法具体如表 3-21 所示。

表 3-21　暖通专业施工图 BIM 模型检查表

应用项	监管成果	监管要点	监管方法	检查结果
施工图模型	暖通专业模型	模型完整性	检查暖通专业模型是否包含冷热源设备、暖通水系统设备、供暖设备、通风 / 除尘及防排烟设备、空气调节设备、管路及管路附件、风道末端、人防构件等对象	是□　否□
			检查管路是否包含该项目各暖通系统 DN50 以上管道、风管、保温层等对象	是□　否□

续 表

应用项	监管成果	监管要点	监管方法	检查结果
施工图模型	暖通专业模型	模型完整性	检查附件末端是否包含阀门仪表、消声器、风口等对象	是□　否□
			检查人防构件是否包含人防风管、设备、阀门等对象	是□　否□
		模型合规性	模型文件命名合规性。检查暖通专业模型名称，是否与项目策划方案中的模型文件命名规则一致，例如，项目简称 _ 子项名称 _ 专业，相应名称应为：JKZX_1_AC。如果项目策划方案中未说明模型文件命名规则，可参考《交付要求》	是□　否□
			模型单元命名合规性。检查暖通管线的系统及颜色方案，是否与项目策划方案中的暖通系统及颜色方案一致，例如，二级系统名称空调冷却水供水，相应颜色（RGB）应为 :0, 255, 255。如果项目策划方案中未说明暖通系统及颜色方案，可参考《交付要求》	是□　否□
		模型精细度	模型单元几何信息深度。检查暖通机房，优先冷热源机房，设备与施工图尺寸一致、接管方向正确、管线齐全、管件附件末端保温齐全	是□　否□
			模型单元属性信息深度。检查空调冷凝水管，是否有系统分类名称、管径、标高、坡度、管材连接方式、保温材质厚度等	是□　否□
		图模一致性	抽查 1 处暖通主管，几何尺寸、系统名称、管材连接方式、坡度、保温要求是否与图纸一致	是□　否□

3.3.4　给排水专业模型

1. 监管要点

监管要点主要包括模型完整性、模型合规性、模型精细度和图模一致性。

2. 监管方法

1）模型完整性

检查给排水专业模型是否包含供水设备、加热贮热设备、排水设备、水处理设备、消防设备、管道和管道附件、人防构件等对象；

检查供水设备是否包含水箱、供水水泵等对象；

检查消防设备是否包含消火栓、消防水泵等对象；

检查管路是否包含该项目各给排水系统 DN50 以上管道、保温层等对象；

检查附件末端是否包含阀门仪表、雨水斗等对象；

检查穿结构构件处是否设置套管；

检查人防构件是否包含人防管道、水箱、阀门等对象。

2）模型合规性

模型文件命名合规性。检查给排水专业模型名称，是否与项目策划方案中的模型文件命名规则一致，例如，项目简称 _ 子项名称 _ 专业，相应名称应为：JKZX_1_PD。如果项目策划方案中未说明模型文件命名规则，可参考《交付要求》。

模型单元命名合规性。检查给排水管线的系统及颜色方案，是否与项目策划方案中的给排水系统及颜色方案一致，例如，二级系统名称气体灭火系统，相应颜色（RGB）应为：255, 0, 255。如果项目策划方案中未说明给排水系统及颜色方案，可参考《交付要求》。

3）模型精细度

模型单元几何信息深度。检查给排水机房，优先消防泵房，设备与施工图尺寸一致、接管方向正确、管线齐全、管件附件末端保温齐全。

模型单元属性信息深度。检查重力污水管，是否有系统分类名称、管径、标高、坡度、管材连接方式等。

4）图模一致性

抽查 1 处给排水管道，几何尺寸、系统名称、管材连接方式、坡度、保温要求是否与图纸一致。

给排水专业施工图 BIM 模型监管要点与监管方法具体如表 3-22 所示。

表 3-22　**给排水专业施工图 BIM 模型检查表**

应用项	监管成果	监管要点	监管方法	检查结果
施工图模型	给排水专业模型	模型完整性	检查给排水专业模型是否包含供水设备、加热贮热设备、排水设备、水处理设备、消防设备、管道和管道附件、人防构件等对象	是□　否□
			检查供水设备是否包含水箱、供水水泵等对象	是□　否□
			检查消防设备是否包含消火栓、消防水泵等对象	是□　否□
			检查管路是否包含该项目各给排水系统 DN50 以上管道、保温层等对象	是□　否□
			检查附件末端是否包含阀门仪表、雨水斗等对象	是□　否□
			检查穿结构构件处是否设置套管	是□　否□
			检查人防构件是否包含人防管道、水箱、阀门等对象	是□　否□

续 表

应用项	监管成果	监管要点	监管方法	检查结果
施工图模型	给排水专业模型	模型合规性	模型文件命名合规性。检查给排水专业模型名称，是否与项目策划方案中的模型文件命名规则一致，例如，项目简称 _ 子项名称 _ 专业，相应名称应为：JKZX_1_PD。如果项目策划方案中未说明模型文件命名规则，可参考《交付要求》	是□ 否□
			模型单元命名合规性。检查给排水管线的系统及颜色方案，是否与项目策划方案中的给排水系统及颜色方案一致，例如，二级系统名称气体灭火系统，相应颜色（RGB）应为：255, 0, 255。如果项目策划方案中未说明给排水系统及颜色方案，可参考《交付要求》	是□ 否□
		模型精细度	模型单元几何信息深度。检查给排水机房，优先消防泵房，设备与施工图尺寸一致、接管方向正确、管线齐全、管件附件末端保温齐全	是□ 否□
			模型单元属性信息深度。检查重力污水管，是否有系统分类名称、管径、标高、坡度、管材连接方式等	是□ 否□
		图模一致性	抽查 1 处给排水管道，几何尺寸、系统名称、管材连接方式、坡度、保温要求是否与图纸一致	是□ 否□

3.3.5 电气专业模型

1. 监管要点

监管要点主要包括模型完整性、模型合规性、模型精细度和图模一致性。

2. 监管方法

1）模型完整性

检查电气专业模型是否包含配变电所设备、自备应急柴油发电机组、配电线路及线路敷设、人防构件等对象；

检查配电线路及线路敷设是否包含线槽、电缆桥架、密集母线等对象；

检查穿结构构件处是否设置套管；

检查人防构件是否包含人防桥架等对象。

2）模型合规性

模型文件命名合规性。检查电气专业模型名称，是否与项目策划方案中的模型文件命名规则一致，例如，项目简称 _ 子项名称 _ 专业，相应名称应为：JKZX_1_EL。如果项目策划方案中未说明模型文件命名规则，可参考《交付要求》。

模型单元命名合规性。检查电气管线的系统及颜色方案，是否与项目策划方案中的电气系统及颜色方案一致，例如，二级系统名称 400 V 干线应急桥架，相应颜色（RGB）应为 255, 0, 128。如果项目策划方案中未说明电气系统及颜色方案，可参考《交付要求》。

3）模型精细度

模型单元几何信息深度。检查电气机房，优先配变电所，设备与施工图尺寸一致、桥架线槽密集母线齐全准确。

模型单元属性信息深度。检查强电桥架，是否有系统分类名称、尺寸、标高等。

4）图模一致性

抽查 1 处桥架，几何尺寸、系统名称是否与图纸一致。

电气专业施工图 BIM 模型监管要点与监管方法具体如表 3-23 所示。

表 3-23　电气专业施工图 BIM 模型检查表

应用项	监管成果	监管要点	监管方法	检查结果
施工图模型	电气专业模型	模型完整性	检查电气专业模型是否包含配变电所设备、自备应急柴油发电机组、配电线路及线路敷设、人防构件等对象	是□　否□
			检查配电线路及线路敷设是否包含线槽、电缆桥架、密集母线等对象	是□　否□
			检查穿结构构件处是否设置套管	是□　否□
			检查人防构件是否包含人防桥架等对象	是□　否□
		模型合规性	模型文件命名合规性。检查电气专业模型名称，是否与项目策划方案中的模型文件命名规则一致，例如，项目简称 _ 子项名称 _ 专业，相应名称应为：JKZX_1_EL。如果项目策划方案中未说明模型文件命名规则，可参考《交付要求》	是□　否□
			模型单元命名合规性。检查电气管线的系统及颜色方案，是否与项目策划方案中的电气系统及颜色方案一致，例如，二级系统名称 400 V 干线应急桥架，相应颜色（RGB）应为：255, 0, 128。如果项目策划方案中未说明电气系统及颜色方案，可参考《交付要求》	是□　否□
		模型精细度	模型单元几何信息深度。检查电气机房，优先配变电所，设备与施工图尺寸一致、桥架线槽密集母线齐全准确	是□　否□
			模型单元属性信息深度。检查强电桥架，是否有系统分类名称、尺寸、标高等	是□　否□
		图模一致性	抽查 1 处桥架，几何尺寸、系统名称是否与图纸一致	是□　否□

3.3.6 场地（建筑总图）专业模型

1. 监管要点

监管要点主要包括模型完整性、模型合规性、模型精细度和图模一致性。

2. 监管方法

1）模型完整性

检查场地专业模型是否包含道路、停车场、广场、场地附属设施等对象；

检查场地附属设施是否包含红线范围内场地消火栓、小市政管道管件、小市政管井、阀门仪表等对象。

2）模型合规性

模型文件命名合规性。检查场地专业模型名称，是否与项目策划方案中的模型文件命名规则一致，例如，项目简称 _ 子项名称 _ 专业，相应名称应为：JKZX_1_GL。如果项目策划方案中未说明模型文件命名规则，可参考《交付要求》。

3）模型精细度

模型单元几何信息深度。检查出户密集处，小市政管线与室内管线是否对齐一致，穿外墙处是否留有套管，管井是否衔接无误，场地高程是否准确。

模型单元属性信息深度。检查场地构件，是否有类型名称、高程、坡度、材质等。

4）图模一致性

抽查 1 处小市政管线，管径、坡度、系统名称、起点终点标高是否与图纸一致。

场地专业施工图 BIM 模型监管要点与监管方法具体如表 3-24 所示。

表 3-24 场地专业施工图 BIM 模型检查表

应用项	监管成果	监管要点	监管方法	检查结果
施工图模型	场地专业模型	模型完整性	检查场地专业模型是否包含道路、停车场、广场、场地附属设施等对象	是□ 否□
			检查场地附属设施是否包含红线范围内场地消火栓、小市政管道管件、小市政管井、阀门仪表等对象	是□ 否□
		模型合规性	模型文件命名合规性。检查场地专业模型名称，是否与项目策划方案中的模型文件命名规则一致，例如，项目简称 _ 子项名称 _ 专业，相应名称应为：JKZX_1_GL。如果项目策划方案中未说明模型文件命名规则，可参考《交付要求》	是□ 否□

续　表

应用项	监管成果	监管要点	监管方法	检查结果
施工图模型	场地专业模型	模型精细度	模型单元几何信息深度。检查出户密集处，小市政管线与室内管线是否对齐一致，穿外墙处是否留有套管，管井是否衔接无误，场地高程是否准确	是□　否□
			模型单元属性信息深度。检查场地构件，是否有类型名称、高程、坡度、材质等	是□　否□
		图模一致性	抽查 1 处小市政管线，管径、坡度、系统名称、起点终点标高是否与图纸一致	是□　否□

3.4　BIM 应用成果监管

每个阶段的 BIM 应用项均包含必选项和可选项，考虑到不同建设单位选择的可选项可能有所不同，本书监管的应用项包含主要必选项和可选项。

3.4.1　三维管线综合

1. 监管要点

监管要点主要包括管线综合难度、管线综合完成度、管线综合质量。

2. 监管方法

1）管线综合难度

检查项目业态是否为商业综合体、医院等管线密集、空间复杂、净高要求高的管线综合难度较高的项目类型；

检查项目体量大小、空间重复率是否会造成管线综合工作量巨大。

2）管线综合完成度

检查项目范围内三维管线综合是否都已完成，未出报告区域是否有净高问题，多专业冲突问题是否未发现。

3）管线综合质量

检查管线综合模型主管序是否清晰、层次是否清楚，侧开支管是否预留翻出空间，成排桥架三通是否预留翻出空间，是否预留检修空间、支吊架空间，是否有过度翻折、美观度较差的问题。

施工图设计阶段 BIM 三维管线综合成果监管要点与监管方法具体如表 3–25 所示。

表 3-25 施工图设计阶段 BIM 三维管线综合成果检查表

应用项	监管成果	监管要点	监管方法	检查结果
三维管线综合	管线综合模型	管线综合难度	检查项目业态是否为商业综合体、医院等管线密集、空间复杂、净高要求高的管线综合难度较高的项目类型	是□ 否□
			检查项目体量大小、空间重复率是否会造成管线综合工作量巨大	是□ 否□
		管线综合完成度	检查项目范围内三维管线综合是否都已完成，未出报告区域是否有净高问题，多专业冲突问题是否未发现	是□ 否□
		管线综合质量	检查管线综合模型主管序是否清晰、层次是否清楚，侧开支管是否预留翻出空间，成排桥架三通是否预留翻出空间，是否预留检修空间、支吊架空间，是否有过度翻折、美观度较差的问题	是□ 否□

3.4.2 碰撞检查

1. 监管要点

监管要点主要包括碰撞检查报告完整性、报告合规性、报告质量、报告闭合率。

2. 监管方法

1）报告完整性

碰撞检查报告内容是否全面，碰撞问题记录是否包含碰撞位置、问题截图、问题描述等关键信息；报告是否包含解决建议、设计回复、BIM 复核等协同管理要素；是否包含问题提出日期、设计回复日期、BIM 复核日期等时间要素。

2）报告合规性

碰撞检查报告审核流程是否包含编制人、审核人和设计师签字。

3）报告质量

检查碰撞问题类型是否包含建筑本专业、结构本专业、建筑与结构、水暖电本专业、水暖电专业间、水暖电与建筑结构专业的碰撞；装配式建筑另外需要检查是否包含装配式结构与建筑结构、装配式结构与机电各专业之间的碰撞。

4）报告闭合率

抽查 3 处碰撞问题，检查是否已在图纸中修改闭合。

施工图设计阶段 BIM 碰撞检查成果监管要点与监管方法具体如表 3-26 所示。

表 3-26　施工图设计阶段 BIM 碰撞检查成果检查表

应用项	监管成果	监管要点	监管方法	检查结果
碰撞检查	碰撞检查报告	报告完整性	碰撞检查报告内容是否全面，碰撞问题记录是否包含碰撞位置、问题截图、问题描述等关键信息	是□　否□
			报告是否包含解决建议、设计回复、BIM 复核等协同管理要素	是□　否□
			是否包含问题提出日期、设计回复日期、BIM 复核日期等时间要素	是□　否□
		报告合规性	碰撞检查报告审核流程是否包含编制人、审核人和设计师签字	是□　否□
		报告质量	检查碰撞问题类型是否包含建筑本专业、结构本专业、建筑与结构、水暖电本专业、水暖电专业间、水暖电与建筑结构专业的碰撞；装配式建筑另外需要检查是否包含装配式结构与建筑结构、装配式结构与机电各专业之间的碰撞	是□　否□
		报告闭合率	抽查 3 处碰撞问题，检查是否已在图纸中修改闭合	是□　否□

3.4.3　净空优化

1. 监管要点

监管要点主要包括净高分析报告完整性、报告合规性、报告质量、报告闭合率。

2. 监管方法

1）报告完整性

检查净高分析报告内容是否全面，内容是否包含净高分析总平面图（色块填充）、问题截图、问题描述、问题位置等关键信息；报告是否包含解决建议、设计回复、BIM 复核等协同管理要素；是否包含问题提出日期、设计回复日期、BIM 复核日期等时间要素。

2）报告合规性

检查净高分析报告审核流程是否包含编制人、审核人和设计师签字。

3）报告质量

检查净高分析报告发现问题的数量与项目体量、项目复杂程度基本相符，是否有严重或复杂净高问题，是否能发现特殊区域净高问题，报告中能否体现设计思维。

4）报告闭合率

抽查 3 处净高问题，检查是否已在图纸中修改闭合。

施工图设计阶段 BIM 净空优化成果监管要点与监管方法具体如表 3–27 所示。

表 3-27 施工图设计阶段 BIM 净空优化成果检查表

应用项	监管成果	监管要点	监管方法	检查结果
净空优化	净高分析报告	报告完整性	检查净高分析报告内容是否全面，内容是否包含净高分析总平面图（色块填充）、问题截图、问题描述、问题位置等关键信息	是□ 否□
			报告是否包含解决建议、设计回复、BIM 复核等协同管理要素	是□ 否□
			是否包含问题提出日期、设计回复日期、BIM 复核日期等时间要素	是□ 否□
		报告合规性	检查净高分析报告审核流程是否包含编制人、审核人和设计师签字	是□ 否□
		报告质量	检查净高分析报告发现问题的数量与项目体量、项目复杂程度基本相符，是否有严重或复杂净高问题，是否能发现特殊区域净高问题，报告中能否体现设计思维	是□ 否□
		报告闭合率	抽查 3 处净高问题，检查是否已在图纸中修改闭合	是□ 否□

3.4.4 虚拟仿真漫游

1. 监管要点

监管要点主要包括虚拟仿真漫游动画动线、质量。

2. 监管方法

1）虚拟仿真漫游动画动线

检查虚拟仿真漫游动画动线是否包括人行和车行 2 个路线。

2）虚拟仿真漫游动画质量

检查虚拟仿真漫游动画人行和车行入口是否建模，地下室夹层管线是否建模，是否存在明显碰撞或净高问题；地下室自行车坡道建模是否正确；机动车行车路线标志、停车位标志、标牌标志是否准确；地下室机电管线是否建模，是否存在明显碰撞。

施工图设计阶段 BIM 虚拟仿真漫游成果监管要点与监管方法具体如表 3-28 所示。

表 3-28　施工图设计阶段 BIM 虚拟仿真漫游成果检查表

应用项	监管成果	监管要点	监管方法	检查结果
虚拟仿真漫游	虚拟仿真图或动画	虚拟仿真漫游动画动线	检查虚拟仿真漫游动画动线是否包括人行和车行 2 个路线	是□　否□
		虚拟仿真漫游动画质量	检查虚拟仿真漫游动画人行和车行入口是否建模，地下室夹层管线是否建模，是否存在明显碰撞或净高问题	是□　否□
			地下室自行车坡道建模是否正确；机动车行车路线标志、停车位标志、标牌标志是否准确	是□　否□
			地下室机电管线是否建模，是否存在明显碰撞	是□　否□

3.4.5　二维制图表达

1. 监管要点

主要包括二维制图种类、二维制图质量。

2. 监管方法

1）二维制图种类

检查二维制图种类是否有建筑结构平立剖出图、结构预留洞平面图、管综出图、三维轴侧出图。

2）二维制图质量

检查建筑结构平立剖出图是否满足辅助建筑结构施工图出图定位需求。

结构预留洞平面图是否标注留洞及套管尺寸、中心标高、定位、所穿管线系统。

管综出图是否标注管线系统、尺寸、标高、定位，风管桥架标高为底标高，水管标高为中心标高。

三维轴侧出图是否能辅助理解特殊节点、机房、管线或空间复杂区域，是否含建筑结构模型、机电各专业管线管综后模型，管线按系统区分颜色，标注管线系统、尺寸、标高。

施工图设计阶段 BIM 二维制图表达成果监管要点与监管方法具体如表 3–29 所示。

表 3-29　施工图设计阶段 BIM 二维制图表达成果检查表

应用项	监管成果	监管要点	监管方法	检查结果
二维制图表达	模型导出的二维图纸	二维制图种类	检查二维制图种类是否有建筑结构平立剖出图、结构预留洞平面图、管综出图、三维轴侧出图	是□　否□
		二维制图质量	检查建筑结构平立剖出图是否满足辅助建筑结构施工图出图定位需求	是□　否□
			结构预留洞平面图是否标注留洞及套管尺寸、中心标高、定位、所穿管线系统	是□　否□
			管综出图是否标注管线系统、尺寸、标高、定位，风管桥架标高为底标高，水管标高为中心标高	是□　否□
			三维轴侧出图是否能辅助理解特殊节点、机房、管线或空间复杂区域，是否含建筑结构模型、机电各专业管线管综后模型，管线按系统区分颜色，标注管线系统、尺寸、标高	是□　否□

第 4 章　施工准备阶段

4.1　BIM 合约监管

4.1.1　BIM 应用阶段和应用标准

1. 监管要点

（1）项目报建文件中，是否按政策要求选择了施工阶段进行 BIM 技术应用；

（2）在施工合同或 BIM 咨询合同（本章中简称 BIM 合约）中，BIM 应用阶段是否与项目报建文件选择内容一致；

（3）在施工合同或 BIM 咨询合同中，BIM 费用是否单列、BIM 费用结算阶段及内容是否明确；

（4）在施工合同或 BIM 咨询合同中，BIM 应用依据的国家及地区 BIM 规范、政策依据、指导文件是否正确，是否为最新版。

2. 监管方法

检查项目报建文件、BIM 合约文件，是否满足监管要点所列内容。

4.1.2　BIM 应用项和应用成果

1. 监管要点

（1）BIM 合约文件中，施工准备阶段 BIM 应用项是否明确。项目 BIM 合约中是否包含所有基础应用，并根据项目要求，选择合适的拓展应用。

（2）BIM 合约中，施工准备阶段 BIM 应用项的应用成果是否明确，是否与合同付款进度相关联。施工深化设计的成果，需要包含土建深化模型和机电模型。场地布置和施工方案模拟，除了模拟动画成果之外，需要包括相应分析报告，对方案的可行性进行论证。

（3）BIM 合约中，施工准备阶段 BIM 应用成果是否有明确的深度要求，各阶段 BIM 应用成果深度要求是否满足国家及地区 BIM 规范标准和政策文件要求。

2. 监管方法

（1）检查项目 BIM 合约文件，是否满足监管要点所列内容。

（2）施工准备阶段民用建筑工程 BIM 应用项和应用成果如表 4-1 所示。

表 4-1 施工准备阶段民用建筑工程 BIM 应用项和应用成果列表

应用阶段	BIM 应用项	基础应用	拓展应用	应用成果
施工准备	施工深化设计	√		土建深化模型及图纸 机电深化模型及图纸
	施工场地规划	√		场地布置模拟动画 场地布置模拟分析报告
	施工专项方案模拟	√		施工专项方案模拟动画 施工专项方案分析报告

4.2 BIM 策划与过程监管

4.2.1 BIM 策划

1. 监管要点

1）实施方案

施工准备阶段需要完成施工阶段的 BIM 实施方案，进一步明确施工准备阶段、施工实施阶段和竣工阶段的 BIM 应用项和应用成果。

2）数据交付要求

根据《建筑信息模型施工应用标准》（GB 51235—2017）和《上海市房屋建筑施工图、

竣工建筑信息模型建模和交付要求（试行）》（沪建建管〔2021〕725 号），常见工程对象模型单元施工深化阶段的交付深度如表 4-2—表 4-7 所示。

表 4-2　施工深化阶段建筑工程对象模型单元交付深度

序号	工程对象	模型单元	几何信息	非几何信息
1	非承重墙	基层、保温层、其他构造层、面层	尺寸、位置	类型、材质、保温性能，面层做法
2	建筑柱	基层、其他构造层、面层	尺寸、位置	类型、材质，面层做法
3	门 / 窗	嵌板（玻璃、百叶）、框材	尺寸、位置	规格型号、材质、厂家
4	阳台、露台	基层、其他构造层、面层	尺寸、位置	类型、材质，面层做法
5	楼梯	梯段 / 平台、栏杆 / 栏板	尺寸、位置	类型、材质
6	屋面	基层、保温层、其他构造层、面层	尺寸、位置	类型、材质、保温性能，防水层做法
7	雨棚	基层、面层、支撑构件	尺寸、位置	类型、材质，节点做法
8	坡道	基层、其他构造层、面层、栏杆 / 栏板	尺寸、坡度、位置	类型、材质
9	排水沟	基层、其他构造层、面层	尺寸、坡度、位置	类型、材质
10	集水井	基层、其他构造层、面层	尺寸、位置	类型、材质
11	栏杆	扶手、护栏	尺寸、位置	类型、材质
12	幕墙	嵌板（玻璃、百叶）、支撑构件	尺寸、位置	类型、材质，节点做法

表 4-3　施工深化阶段结构工程对象模型单元交付深度

序号	工程对象	模型单元	几何信息	非几何信息
1	基础	承台、桩基础	尺寸、位置	类型、材质及标号
2	梁	梁段、预留洞口、套管	尺寸、位置	类型、材质及标号
3	板	板段、预埋件、洞口、套管	尺寸、位置	类型、材质及标号
4	结构柱	柱段	尺寸、位置	类型、材质及标号
5	承重墙	墙段、预留洞口、套管	尺寸、位置	类型、材质及标号
6	梁板柱节点	节点、钢筋	尺寸、位置	类型、材质及标号
7	斜撑	斜撑、节点	尺寸、角度、位置	类型、材质及标号
8	檩条	檩条、节点	尺寸、位置	类型、材质及标号

表 4-4 施工深化阶段给排水工程对象模型单元交付深度

序号	工程对象	模型单元	几何信息	非几何信息
1	供水设备	水箱、加压设备	尺寸、位置	设备型号、厂家、压力
2	排水设备	提升设备、隔油设备	尺寸、位置	设备型号、厂家、流量
3	消防设备	消防水池、消防水泵、高位消防水箱、消防水泵接合器、消火栓、喷头、气体灭火设备、泡沫灭火设备、消防器材	尺寸、位置	类型、材质、流量、水压、扬程、作用面积、持续喷水时间
4	给排水管道	管道、支吊架、阀门、仪表、雨水斗、清扫口、检查口	尺寸、坡度、位置	系统分类、材质、水压

表 4-5 施工深化阶段暖通工程对象模型单元交付深度

序号	工程对象	模型单元	几何信息	非几何信息
1	通风设备	风机、换风扇、除尘器	位置	类型、厂家
2	空调设备	冷水机组、新风机组、风机盘管	位置	规格型号、厂家
3	冷热源设备	冷水机组、换热设备、热泵、锅炉	位置	规格型号、厂家
4	水系统设备	冷却塔、水泵	位置	规格型号、厂家
5	供暖设备	散热器、暖风机	位置	规格型号、厂家
6	风管	风管、保温、阀门	管径、标高	系统分类、材质、风压
7	风道末端	风口	位置	规格型号、厂家

表 4-6 施工深化阶段电气工程对象模型单元交付深度

序号	工程对象	模型单元	几何信息	非几何信息
1	变配电所	变压器	位置	规格型号、负荷、厂家
2	电气设备	机柜、配电箱	位置	规格型号、厂家
3	电源	应急电源装置（EPS）、不间断电源装置（UPS）	位置	规格型号、厂家、电压、电流
4	电气照明	照明灯具、消防应急照明和疏散指示设备	位置	规格型号、厂家、电压、电流
5	应急设备	发电机组	位置	规格型号、负荷、厂家
6	桥架	桥架、支吊架	尺寸、标高	系统分类、材质、厂家

表 4-7　施工深化阶段场地工程对象模型单元交付深度

序号	工程对象	模型单元	几何信息	非几何信息
1	道路	铺面、车辆收费闸机、车库道路出入口	位置	类型、材质、规格型号、厂家
2	停车场	路面	位置	类型、材质
3	消防设施	登高面、消火栓、排水口、室外消防设备	位置	类型、厂家
4	室外活动区	活动设施	位置	规格型号、厂家
5	围墙大门	围墙、大门	尺寸、位置	类型、材质、厂家
6	室外管线	管道、管井、阀门	管径、位置	类型、材质、厂家

3）BIM 协同机制

BIM 协同机制包括 BIM 专题会议机制、BIM 成果邮件分发机制、BIM 施工应用与项目管理融合流程、BIM 文档资料管理等 BIM 管理机制和流程等。

4）BIM 进度计划

在项目进度计划的基础上，需要编制合理、与施工进度计划匹配的 BIM 实施进度计划。

2. 监管方法

1）实施方案

检查施工阶段 BIM 实施方案中，项目概况、工程特点和难点是否具有针对性；

项目施工阶段 BIM 应用目标、BIM 应用范围和内容、BIM 组织架构和职责、数据交付要求、BIM 实施进度计划等是否明确。

2）BIM 应用范围

检查施工阶段 BIM 应用范围是否包括本项目全单体、全楼层和全专业。

BIM 应用项是否符合表 4–1 所列内容。

3）组织架构及职责分工

检查 BIM 实际实施中，BIM 协同工作是否由建设单位牵头，参建各方共同协同，避免由 BIM 咨询单位一家包干，BIM 实施和项目建设“两张皮”的现象；

检查施工深化 BIM 模型谁建模、谁审核、设计图纸谁修改的职责划分，避免 BIM 实施未纳入施工深化设计管理流程而产生的 BIM 内循环问题。

4）BIM 实施团队

检查 BIM 实施团队人员是否包含建设单位、施工单位、BIM 咨询单位（如有）等各参建单位，避免只包含 BIM 咨询或施工一家单位。

5）数据交付要求

检查是否根据《建筑信息模型施工应用标准》（GB 51235—2017）和《上海市房屋建筑施工图、竣工建筑信息模型建模和交付要求（试行）》（沪建建管〔2021〕725 号），制定了项目级数据交付要求，可参考表 4-2—表 4-7。

6）BIM 协同机制

检查是否制定了 BIM 专题会议机制、BIM 成果邮件分发机制、BIM 施工应用与项目管理融合流程、BIM 文档资料管理等 BIM 管理机制和流程等。

7）BIM 进度计划

检查是否制定了 BIM 实施进度计划，BIM 进度计划是否合理，是否与施工进度计划有效匹配。

4.2.2 BIM 过程监管

1. 监管要点

（1）BIM 模型更新是否及时；

（2）BIM 问题追踪管理是否形成闭环；

（3）BIM 经理及各参建单位 BIM 骨干人员是否存在明显变动，是否到岗；

（4）BIM 实施是否及时。

2. 监管方法

（1）检查施工深化设计模型是否完成，与施工图模型对比是否对土建和机电进行了深化。

（2）对比施工深化阶段编制的碰撞检查报告、净高分析报告等，检查设计单位是否对 BIM 团队提出的问题作出了合理明确的答复；涉及图纸修改的，设计单位是否完成图纸修改；BIM 团队是否对 BIM 问题整改完成情况进行确认。

（3）检查 BIM 经理是否有到岗证明；BIM 经理如有变动，变更审批手续是否齐全，工作交接流程是否规范；骨干人员如有变动，调入调出是否有书面记录，工作交接是否规范；现场 BIM 人员是否到位。

（4）检查土建和机电施工深化模型完成日期是否在工程开工和机电施工日期之前，施工场地规划完成日期是否在桩基工程施工日期之前，施工专项方案模拟完成日期是否在专项施工日期之前。

4.3　BIM 模型监管

根据《上海市房屋建筑施工图、竣工建筑信息模型建模和交付要求（试行）》（沪建建管〔2021〕725 号），模型监管内容包括几何信息深度、属性信息深度两个方面。施工准备阶段深化模型仅包括现浇混凝土结构土建深化模型和机电深化模型两部分，预制混凝土、钢结构、幕墙、装饰通常在施工实施阶段进行，因此在下一章节阐述。

4.3.1　现浇混凝土结构土建深化模型

1. 监管要点

监管要点主要包括模型几何信息深度、模型属性信息深度、模型合规性和图模一致性。

2. 监管方法

1）模型几何信息深度

检查土建模型在施工图深度基础上，是否增加二次结构（例如构造柱、过梁等）、预埋件和预留孔洞、复杂节点。

2）模型属性信息深度

检查属性信息是否在施工图基础上，增加材料要求、施工要求、安装要求等。

3）模型合规性

检查是否有根据土建深化模型导出的二次结构、预留预埋、复杂节点图纸。

4）图模一致性

抽查 1 处二次结构构件，几何尺寸、材质要求是否与深化图纸一致。

施工准备阶段土建深化 BIM 模型监管要点与监管方法具体如表 4–8 所示。

表 4-8 施工准备阶段土建深化 BIM 模型检查表

应用项	监管成果	监管要点	监管方法	检查结果
施工准备模型	土建深化模型及深化图纸	模型几何信息深度	检查土建模型在施工图深度基础上，是否增加二次结构（例如构造柱、过梁等）、预埋件和预留孔洞、复杂节点	是□ 否□
		模型属性信息深度	检查属性信息是否在施工图基础上，增加材料要求、施工要求、安装要求等	是□ 否□
		模型合规性	检查是否有根据土建深化模型导出的二次结构、预留预埋、复杂节点图纸	是□ 否□
		图模一致性	抽查 1 处二次结构构件，几何尺寸、材质要求是否与深化图纸一致	是□ 否□

4.3.2 机电深化模型

1. 监管要点

监管要点主要包括模型几何信息深度、模型属性信息深度、模型合规性和图模一致性。

2. 监管方法

1）模型几何信息深度

检查暖通专业在施工图深度基础上，是否进行设备深化替换，是否增加 DN50 及以下支管及阀门附件；

检查给排水专业在施工图深度基础上，是否进行设备深化替换，是否增加 DN50 及以下支管、喷头及阀门附件；

检查电气专业在施工图深度基础上，是否进行设备深化替换，是否增加监控、烟感、插座等电气点位；

检查管线综合在施工图深度基础上，是否考虑施工组织，是否增加支吊架模型，是否完成支管翻折及零碰撞调整。

2）模型属性信息深度

检查属性信息是否在施工图基础上，增加材料要求、施工要求、安装要求等。

3）模型合规性

检查是否有根据机电深化模型导出的深化图纸、孔洞预留和管道预埋图、设备材料统计表、机电深化设计优化问题报告。

4）图模一致性

抽查 1 处支管，几何尺寸、系统名称、管材连接方式、坡度、保温要求是否与深化图纸一致。

施工准备阶段机电深化 BIM 模型监管要点与监管方法具体如表 4–9 所示。

表 4-9　施工准备阶段机电深化 BIM 模型检查表

应用项	监管成果	监管要点	监管方法	检查结果
施工准备模型	机电深化模型及深化图纸	模型几何信息深度	检查暖通专业在施工图深度基础上，是否进行设备深化替换，是否增加 DN50 及以下支管及阀门附件	是□　否□
			检查给排水专业在施工图深度基础上，是否进行设备深化替换，是否增加 DN50 及以下支管、喷头及阀门附件	是□　否□
			检查电气专业在施工图深度基础上，是否进行设备深化替换，是否增加监控、烟感、插座等电气点位	是□　否□
			检查管线综合在施工图深度基础上，是否考虑施工组织，是否增加支吊架模型，是否完成支管翻折及零碰撞调整	是□　否□
		模型属性信息深度	检查属性信息是否在施工图基础上，增加材料要求、施工要求、安装要求等	是□　否□
		模型合规性	检查是否有根据机电深化模型导出的深化图纸、孔洞预留和管道预埋图、设备材料统计表、机电深化设计优化问题报告	是□　否□
		图模一致性	抽查 1 处支管，几何尺寸、系统名称、管材连接方式、坡度、保温要求是否与深化图纸一致	是□　否□

4.4　BIM 应用成果监管

每个阶段的 BIM 应用项均包含必选项和可选项，考虑到不同建设单位选择的可选项可能有所不同，本书应用成果监管的应用项包含必选项和可选项。

4.4.1　施工场地规划

1. 监管要点

监管要点主要包括场布模型质量、场布分析报告质量。

2. 监管方法

1）场布模型质量

检查场地布置模拟元素是否全面细致，内容是否包含机械设备、临时建筑、临时道路、临水临电、加工场所及材料堆场等。

2）场布分析报告质量

检查场地布置分析报告是否根据场地布置模拟结果给出合理可行的优化建议。

施工准备阶段 BIM 施工场地规划成果监管要点与监管方法具体如表 4–10 所示。

表 4-10　施工准备阶段 BIM 施工场地规划成果检查表

应用项	监管成果	监管要点	监管方法	检查结果
施工场地规划	场布模拟及分析报告	场布模型质量	检查场地布置模拟元素是否全面细致，内容是否包含机械设备、临时建筑、临时道路、临水临电、加工场所及材料堆场等	是□　否□
		场布分析报告质量	检查场地布置分析报告是否根据场地布置模拟结果给出合理可行的优化建议	是□　否□

4.4.2　施工方案模拟

1. 监管要点

监管要点主要包括施工方案模拟动画质量、专项方案分析报告质量。

2. 监管方法

1）施工方案模拟动画质量

检查施工方案模拟动画是否清晰表达了专项施工方案的工艺流程、施工方法、工艺要点，是否明确展示了专项施工方案的验收组织、节点、部位及标准。

2）专项方案分析报告质量

检查专项方案分析报告是否根据施工方案模拟结果给出合理可行的优化建议。

施工准备阶段 BIM 施工方案模拟成果监管要点与监管方法具体如表 4–11 所示。

表 4-11　施工准备阶段 BIM 施工方案模拟成果检查表

应用项	监管成果	监管要点	监管方法	监管方法
施工方案模拟	施工方案模拟动画及专项方案分析报告	施工方案模拟动画质量	检查施工方案模拟动画是否清晰表达了专项施工方案的工艺流程、施工方法、工艺要点，是否明确展示了专项施工方案的验收组织、节点、部位及标准	是□　否□
		专项方案分析报告质量	检查专项方案分析报告是否根据施工方案模拟结果给出合理可行的优化建议	是□　否□

第 5 章　施工实施阶段

5.1　BIM 合约监管

5.1.1　BIM 应用阶段

1. 监管要点

（1）项目报建文件中，是否按政策要求选择了施工阶段进行 BIM 技术应用；

（2）在施工合同或 BIM 咨询合同（本章中简称 BIM 合约）中，BIM 应用阶段是否与项目报建文件选择内容一致；

（3）在施工合同或 BIM 咨询合同中，BIM 费用是否单列，BIM 费用结算阶段及内容是否明确；

（4）在施工合同或 BIM 咨询合同中，BIM 应用依据的国家及地区 BIM 规范、政策依据、指导文件是否正确，是否为最新版。

2. 监管方法

检查项目报建文件、BIM 合约文件，是否满足监管要点所列内容。

5.1.2　BIM 应用项和应用成果

1. 监管要点

（1）BIM 合约文件中，施工实施阶段 BIM 应用项是否明确。项目 BIM 合约中是否包含所有基础应用，并根据项目要求，选择合适的拓展应用。

（2）BIM 合约中，施工实施阶段 BIM 应用项的应用成果是否明确，是否与合同付款进度相关联。施工过程模型成果，如项目包含预制混凝土结构、钢结构、幕墙、精装修内容，则需要包含预制混凝土结构深化、钢结构深化、幕墙深化、精装修等专项深化模型。施工进度模拟，除了模拟动画成果之外，还需要包括相应分析报告，对进度计划的可行性进行论证。在进度模拟基础上，将实际进度与计划进度运用 BIM 技术进行对比，可实现基于 BIM 的施工进度管理。BIM 进度管理报告，除了包含进度对比动画成果之外，还需要包括相应分析报告，提出进度管理的优化建议。

（3）BIM 合约中，施工实施阶段 BIM 应用成果是否有明确的深度要求，各阶段 BIM 应用成果深度要求是否满足国家及地区 BIM 规范标准和政策文件要求。

2. 监管方法

（1）检查项目 BIM 合约文件，是否满足监管要点所列内容。

（2）施工实施阶段民用建筑工程 BIM 应用项和应用成果如表 5-1 所示。

表 5-1　施工实施阶段民用建筑工程 BIM 应用项和应用成果列表

应用阶段	BIM 应用项	基础应用	拓展应用	应用成果
施工实施阶段	施工深化设计	√		预制混凝土结构深化模型及图纸 钢结构深化模型及图纸 幕墙深化模型及图纸 装饰深化模型及图纸
	进度控制与管理		√	进度管理模型 进度模拟动画 进度分析报告
	预算与成本控制		√	成本管理模型 工程量报表 成本核算分析报告
	质量与安全管理		√	安全设施配置模型 施工质量检查与安全分析报告
	预制构件生产加工		√	预制构件加工模型 预制构件加工图
	预制构件信息管理		√	预制构件信息 预制构件信息管理系统

5.2 BIM 策划与过程监管

5.2.1 BIM 策划

1. 监管要点

1）实施方案

施工实施阶段 BIM 专项实施方案的内容包括施工阶段 BIM 应用目标、BIM 应用范围和内容、人员组织架构和相应职责、BIM 应用流程、BIM 协同数据环境、数据交付要求、BIM 协同机制、BIM 实施进度计划等。

2）数据交付要求

根据《建筑信息模型施工应用标准》（GB 51235—2017）和《上海市房屋建筑施工图、竣工建筑信息模型建模和交付要求（试行）》（沪建建管〔2021〕725 号），常见工程对象模型单元施工实施阶段的交付深度如表 5-2—表 5-5 所示。土建深化和机电深化内容已在第 4 章进行阐述，本章主要阐述预制混凝土结构、钢结构、幕墙、装饰工程深化内容。各专业施工过程模型根据设计变更或技术核定单的内容，依照更新计划进行更新。

表 5-2 施工实施阶段预制混凝土结构工程对象模型单元交付深度

序号	工程对象	模型单元	几何信息	非几何信息
1	预制板	板段、预埋件、洞口、套管、钢筋	尺寸、位置	类型、材质及标号
2	预制墙	基层、保温层、面层、预埋件、洞口、临时支撑、钢筋	尺寸、位置	类型、材质、保温，面层做法
3	预制阳台	基层、面层、预埋件、洞口、钢筋	尺寸、位置	类型、材质，面层做法
4	预制楼梯	梯段 / 平台、栏杆 / 栏板、预埋件、洞口、钢筋	尺寸、位置	类型、材质，吊装做法

表 5-3　施工实施阶段钢结构工程对象模型单元交付深度

序号	工程对象	模型单元	几何信息	非几何信息
1	钢梁	梁段、预留孔洞、螺栓、焊缝	尺寸、位置	类型、材质及标号
2	钢柱	柱段、预留孔洞、螺栓、焊缝	尺寸、位置	类型、材质及标号
3	梁柱节点	节点、螺栓、焊缝	尺寸、位置	类型、材质及标号
4	楼承板	底模、钢筋、栓钉	尺寸、位置	规格型号、厂家
5	斜撑	节点、螺栓、焊缝	尺寸、角度、位置	类型、材质及标号
6	檩条	节点、螺栓、焊缝	尺寸、位置	类型、材质及标号

表 5-4　施工实施阶段幕墙工程对象模型单元交付深度

序号	工程对象	模型单元	几何信息	非几何信息
1	幕墙龙骨	竖梃、横梁	尺寸、位置	规格型号、材质
2	嵌板	玻璃嵌板、金属嵌板、石材嵌板	尺寸、位置	规格型号、材质、颜色
3	支撑构件	连接件、预埋件、节点	尺寸、位置	规格型号、材质

表 5-5　施工实施阶段装饰工程对象模型单元交付深度

序号	工程对象	模型单元	几何信息	非几何信息
1	吊顶	装饰吊顶、灯槽、龙骨	尺寸、标高、位置	规格型号、材质、构造、颜色、安装固定方式
2	墙面	墙面装饰、踢脚线、抹灰、漆面、墙纸	尺寸、位置	规格型号、材质、做法
3	地面	面层、基层、龙骨	尺寸、位置、龙骨间距	规格型号、材质、构造、颜色、做法
4	隔墙	面层、基层、龙骨	尺寸、位置、龙骨间距	规格型号、材质、做法
5	装饰灯具	灯具、底座	尺寸、位置	规格型号、材质、厂家、安装方法
6	家具	桌椅、茶几、书柜、衣橱	尺寸、位置	规格型号、材质、厂家
7	卫浴	台面、台盆、马桶、隔断	尺寸、位置	规格型号、材质、厂家
8	饰品	雕塑、盆栽	尺寸、位置	规格型号、材质、厂家

其他监管要点与施工图设计阶段和施工准备阶段类似，不再赘述。

2. 监管方法

1）实施方案

检查施工实施阶段 BIM 专项实施方案中，项目概况、工程特点和难点是否具有针对性；项目施工实施阶段BIM应用目标、BIM应用范围和内容、BIM组织架构和职责、数据交付要求、BIM 实施进度计划等是否明确。

2）BIM 应用范围

检查施工实施阶段 BIM 应用范围是否包括本项目全单体、全楼层和全专业；BIM 应用项是否符合表 5-1 中所列内容。

3）组织架构及职责分工

检查 BIM 实施过程中，BIM 协同工作是否由建设单位牵头，参建各方共同协同，避免由 BIM 咨询单位一家包干，BIM 实施和项目建设“两张皮”的现象；检查施工过程 BIM 模型谁建模、谁审核、设计图纸谁修改的职责划分，避免 BIM 实施因未纳入施工管理流程而产生的 BIM 内循环问题。

4）数据交付要求

检查是否根据《建筑信息模型施工应用标准》（GB 51235—2017）和《上海市房屋建筑施工图、竣工建筑信息模型建模和交付要求（试行）》（沪建建管〔2021〕725 号），制定了项目级数据交付要求，可参考表 5-2—表 5-5。

5）BIM 进度计划

检查是否制定了 BIM 实施进度计划，BIM 进度计划是否合理，是否根据施工进度计划及时细化和调整。

5.2.2　BIM 过程监管

1. 监管要点

（1）BIM 模型更新是否及时；

（2）BIM 问题追踪管理是否形成闭环；

（3）BIM 经理及各参建单位 BIM 骨干人员是否存在明显变动，是否到岗；

（4）BIM 实施是否及时。

2. 监管方法

（1）检查预制混凝土结构、钢结构、幕墙、精装修（如有）等施工深化设计模型是否完成，与施工图模型对比是否对上述专业进行了深化。

（2）检查土建和机电施工过程模型是否根据设计变更单 / 技术核定单进行了更新，有施工过程模型和模型更新记录。

（3）检查 BIM 经理是否有到岗证明；BIM 经理如有变动，变更审批手续是否齐全，工作交接流程是否规范；骨干人员如有变动，调入调出是否有书面记录，工作交接是否规范；现场 BIM 人员是否到位。

（4）检查预制构件深化设计、安装模拟的完成日期是否在预制构件吊装日期之前；BIM 施工进度管理、BIM 施工质量安全管理是否与实际施工管理流程融合。

5.3　BIM 模型监管

5.3.1　预制混凝土结构深化模型

1. 监管要点

监管要点主要包括模型完整性、模型合规性、模型精细度和图模一致性。

2. 监管方法

1）模型完整性

检查预制混凝土结构深化模型是否包含预制板、预制墙、预制阳台、预制楼梯等模型；

检查不同预制构件是否包含所有类型，同一类型构件是否包含所有单体；

检查预制构件是否包含预留洞口、预埋吊件等模型单元；

检查预制墙是否包含临时支撑模型单元。

2）模型合规性

模型文件命名合规性。检查预制混凝土结构深化模型名称，是否与项目策划方案中的模型文件命名规则一致，例如，项目简称 _ 子项名称 _ 专业，相应名称应为：JKZX_1_PC。如果项目策划方案中未说明模型文件命名规则，可参考《交付要求》。

模型单元命名合规性。检查一面预制墙的模型单元名称，是否与项目策划方案中的模型单元命名规则一致，例如，墙体类型 _ 墙厚，相应名称应为：PCQ_240。

3）模型精细度

模型单元几何信息表达精度。检查节点构造模型是否包含预制构件与预制构件、预制构件与现浇结构之间节点等。检查配筋模型是否包含暗柱、梁、剪力墙、板、楼梯等。检查施工预留预埋是否包含模板加固预埋件、斜支撑固定预埋件、外架附着预留预埋、塔吊附墙预留预埋、施工电梯附墙预留预埋及其他二次构造预留预埋。

模型单元属性信息表达深度。抽查预制墙构件，是否有模型单元名称、类型名称、尺寸信息、材质、标高、混凝土标号信息。

4）图模一致性

抽查预制板构件，几何尺寸、标高、材质信息是否与图纸一致。

施工实施阶段预制混凝土结构深化 BIM 模型监管要点与监管方法具体如表 5-6 所示。

表 5-6 施工实施阶段预制混凝土结构深化 BIM 模型检查表

应用项	监管成果	监管要点	监管方法	检查结果
施工深化设计	预制混凝土结构深化模型	模型完整性	检查预制混凝土结构深化模型是否包含预制板、预制墙、预制阳台、预制楼梯等模型	是□ 否□
			检查不同预制构件是否包含所有类型，同一类型构件是否包含所有单体	是□ 否□
			检查预制构件是否包含预留洞口、预埋吊件等模型单元	是□ 否□
			检查预制墙是否包含临时支撑模型单元	是□ 否□
		模型合规性	模型文件命名合规性。检查预制混凝土结构深化模型名称，是否与项目策划方案中的模型文件命名规则一致，例如，项目简称 _ 子项名称 _ 专业，相应名称应为：JKZX_1_PC。如果项目策划方案中未说明模型文件命名规则，可参考《交付要求》	是□ 否□
			模型单元命名合规性。检查一面预制墙的模型单元名称，是否与项目策划方案中的模型单元命名规则一致，例如，墙体类型 _ 墙厚，相应名称应为：PCQ_240	是□ 否□
		模型精细度	模型单元几何信息表达精度。检查节点构造模型是否包含预制构件与预制构件、预制构件与现浇结构之间节点等	是□ 否□
			模型单元几何信息表达精度。检查配筋模型是否包含暗柱、梁、剪力墙、板、楼梯等	是□ 否□
			模型单元几何信息表达精度。检查施工预留预埋是否包含模板加固预埋件、斜支撑固定预埋件、外架附着预留预埋、塔吊附墙预留预埋、施工电梯附墙预留预埋及其他二次构造预留预埋	是□ 否□
			模型单元属性信息表达深度。抽查预制墙构件，是否有模型单元名称、类型名称、尺寸信息、材质、标高、混凝土标号信息	是□ 否□
		图模一致性	抽查预制板构件，几何尺寸、标高、材质信息是否与图纸一致	是□ 否□

5.3.2　钢结构深化模型

1. 监管要点

主要包括模型完整性、模型合规性、模型精细度和图模一致性。

2. 监管方法

1）模型完整性

检查钢结构深化模型是否包含钢梁、钢柱、钢结构杆件、钢檩条、拉索、楼承板、钢支撑、节点、预埋件等模型；

检查不同钢构件是否包含所有类型，同一类型构件是否包含所有单体。

2）模型合规性

模型文件命名合规性。检查钢结构深化模型名称，是否与项目策划方案中的模型文件命名规则一致，例如，项目简称 _ 子项名称 _ 专业，相应名称应为：JKZX_1_SS。如果项目策划方案中未说明模型文件命名规则，可参考《交付要求》。

模型单元命名合规性。抽查钢梁的模型单元名称，是否与项目策划方案中的模型单元命名规则一致，例如，梁类型 _ 梁高，相应名称应为：GZL_720。

3）模型精细度

模型单元几何信息表达精度。检查模型是否包含钢结构连接节点位置，连接板、加劲板与螺栓；现场分段连接节点位置，连接板、加劲板与螺栓。

模型单元属性信息表达深度。检查钢构件与零件的材料属性、钢结构表面处理方法；检查钢构件及零部件的编号信息等。

4）图模一致性

抽查钢柱构件，几何尺寸、顶标高、底标高、材质信息是否与图纸一致。

施工实施阶段钢结构深化 BIM 模型监管要点与监管方法具体如表 5-7 所示。

表 5-7　　施工实施阶段钢结构深化 BIM 模型检查表

应用项	监管成果	监管要点	监管方法	检查结果
施工深化设计	钢结构深化模型	模型完整性	检查钢结构深化模型是否包含钢梁、钢柱、钢结构杆件、钢檩条、拉索、楼承板、钢支撑、节点、预埋件等模型	是□　否□
			检查不同钢构件是否包含所有类型，同一类型构件是否包含所有单体	是□　否□

续 表

应用项	监管成果	监管要点	监管方法	检查结果
施工深化设计	钢结构深化模型	模型合规性	模型文件命名合规性。检查钢结构深化模型名称，是否与项目策划方案中的模型文件命名规则一致，例如，项目简称 _ 子项名称 _ 专业，相应名称应为：JKZX_1_SS。如果项目策划方案中未说明模型文件命名规则，可参考《交付要求》	是□ 否□
			模型单元命名合规性。抽查钢梁的模型单元名称，是否与项目策划方案中的模型单元命名规则一致，例如，钢梁类型 _ 梁高，相应名称应为: GZL_720	是□ 否□
		模型精细度	模型单元几何信息表达精度。检查模型是否包含钢结构连接节点位置，连接板、加劲板与螺栓等	是□ 否□
			模型单元几何信息表达精度。检查模型现场分段连接节点位置，连接板、加劲板与螺栓	是□ 否□
			模型单元属性信息表达深度。检查钢构件与零件的材料属性，钢结构表面处理方法等	是□ 否□
			模型单元属性信息表达深度。检查钢构件及零部件的编号信息等	是□ 否□
		图模一致性	抽查钢柱构件，几何尺寸、顶标高、底标高、材质信息是否与图纸一致	是□ 否□

5.3.3 幕墙深化模型

1. 监管要点

监管要点主要包括模型完整性、模型合规性、模型精细度和图模一致性。

2. 监管方法

1）模型完整性

检查幕墙深化模型是否包含龙骨、嵌板、主要支撑构件等模型；

检查不同幕墙构件是否包含所有类型，同一类型构件是否包含所有单体。

2）模型合规性

模型文件命名合规性。检查幕墙专业模型名称，是否与项目策划方案中的模型文件命名规则一致，例如，项目简称 _ 子项名称 _ 专业，相应名称应为：JKZX_1_CT。如果项目策划方案中未说明模型文件命名规则，可参考《交付要求》。

模型单元命名合规性。检查一块幕墙的模型单元名称，是否与项目策划方案中的模型单元命名规则一致，例如，幕墙系统 _ 构件类别 _ 描述信息（其中，幕墙系统：玻璃幕墙 BL，石材幕墙 SC，铝板幕墙 LB，铝合金门窗 MC；构件类别：立柱 LC，横梁 HL，嵌板 QB，埋件 MJ；描述信息：尺寸、材质、角度、型号等），相应名称应为：BL_QB_1200 × 1600。

3）模型精细度

模型单元几何信息表达精度。检查幕墙构件，是否包含幕墙龙骨、嵌板、支撑构件、构造节点等。

模型单元属性信息表达深度。检查模型是否添加幕墙规格型号、材质等信息。

4）图模一致性

检查嵌板构件，几何尺寸、位置、材质信息是否与图纸一致。

施工实施阶段幕墙深化 BIM 模型监管要点与监管方法具体如表 5-8 所示。

表 5-8　施工实施阶段幕墙深化 BIM 模型检查表

应用项	监管成果	监管要点	监管方法	检查结果
施工图模型	幕墙深化模型	模型完整性	检查幕墙深化模型是否包含龙骨、嵌板、主要支撑构件等模型	是□　否□
			检查不同幕墙构件是否包含所有类型，同一类型构件是否包含所有单体	是□　否□
		模型合规性	模型文件命名合规性。检查幕墙专业模型名称，是否与项目策划方案中的模型文件命名规则一致，例如，项目简称 _ 子项名称 _ 专业，相应名称应为：JKZX_1_CT。如果项目策划方案中未说明模型文件命名规则，可参考《交付要求》	是□　否□
			模型单元命名合规性。检查一块幕墙的模型单元名称，是否与项目策划方案中的模型单元命名规则一致，例如，幕墙系统 _ 构件类别 _ 描述信息，相应名称应为：BL_QB_1200×1600	是□　否□
		模型精细度	模型单元几何信息表达精度。检查幕墙构件，是否包含幕墙龙骨、嵌板、支撑构件、构造节点等	是□　否□
			模型单元属性信息表达深度。检查模型是否添加幕墙规格型号、材质等信息	是□　否□
		图模一致性	检查嵌板构件，几何尺寸、位置、材质信息是否与图纸一致	是□　否□

5.3.4　装饰深化模型

1. 监管要点

监管要点主要包括模型完整性、模型合规性、模型精细度和图模一致性。

2. 监管方法

1）模型完整性

检查装饰深化模型是否包含吊顶、墙面、地面、隔墙、灯具、家具、卫浴、饰品等模型；检查不同装饰构件是否包含所有类型，同一类型构件是否包含所有单体。

2）模型合规性

模型文件命名合规性。检查装饰专业模型名称，是否与项目策划方案中的模型文件命名规则一致，例如，项目简称 _ 子项名称 _ 专业，相应名称应为：JKZX_1_DR。如果项目策划方案中未说明模型文件命名规则，可参考《交付要求》。

模型单元命名合规性。检查一面吊顶的模型单元名称，是否与项目策划方案中的模型单元命名规则一致，例如，吊顶类型 _ 厚度 _ 尺寸，相应名称应为：LB_0.6_300×300。

3）模型精细度

模型单元几何信息表达精度。检查模型是否包含吊顶、灯槽、龙骨、构造节点等模型单元。

模型单元属性信息表达深度。检查模型是否添加家具、卫浴的规格型号、材质、厂家等信息。

4）图模一致性

检查吊顶构件，几何尺寸、标高、材质信息是否与图纸一致。

施工实施阶段装饰深化 BIM 模型监管要点与监管方法具体如表 5-9 所示。

表 5-9 施工实施阶段装饰深化 BIM 模型检查表

<table>
<tr><th>应用项</th><th>监管成果</th><th>监管要点</th><th>监管方法</th><th>检查结果</th></tr>
<tr><td rowspan="5">施工图模型</td><td rowspan="5">装饰深化模型</td><td rowspan="2">模型完整性</td><td>检查装饰深化模型是否包含吊顶、墙面、地面、隔墙、灯具、家具、卫浴、饰品等模型</td><td>是□ 否□</td></tr>
<tr><td>检查不同装饰构件是否包含所有类型，同一类型构件是否包含所有单体</td><td>是□ 否□</td></tr>
<tr><td rowspan="2">模型合规性</td><td>模型文件命名合规性。检查装饰专业模型名称，是否与项目策划方案中的模型文件命名规则一致，例如，项目简称 _ 子项名称 _ 专业，相应名称应为：JKZX_1_DR。如果项目策划方案中未说明模型文件命名规则，可参考《交付要求》</td><td>是□ 否□</td></tr>
<tr><td>模型单元命名合规性。检查一面吊顶的模型单元名称，是否与项目策划方案中的模型单元命名规则一致，例如，吊顶类型 _ 厚度 _ 尺寸，相应名称应为：LB_0.6_300×300</td><td>是□ 否□</td></tr>
<tr><td>模型精细度</td><td>模型单元几何信息表达精度。检查模型是否包含吊顶、灯槽、龙骨、构造节点等模型单元</td><td>是□ 否□</td></tr>
</table>

续　表

应用项	监管成果	监管要点	监管方法	检查结果
施工图模型	装饰深化模型	模型精细度	模型单元属性信息表达深度。检查模型是否添加家具、卫浴的规格型号、材质、厂家等信息	是□　否□
		图模一致性	检查吊顶构件，几何尺寸、标高、材质信息是否与图纸一致	是□　否□

5.4　BIM 应用成果监管

5.4.1　进度控制与管理

1. 监管要点

监管要点主要包括进度管理模型、进度模拟动画质量和进度分析报告的完整性、合规性和质量。

2. 监管方法

1）进度管理模型

检查进度管理模型，是否根据进度模拟的需要进行精度划分及模型拆分，并为各类构件指定运动路径；与进度计划时间相关联时，视项目是否增加人工、材料、机械等资源信息。

2）进度模拟动画

检查进度模拟动画，是否表达施工工序、施工工艺及施工、安装信息等。

3）进度分析报告

报告完整性。检查进度分析报告是否包含计划进度、实际进度数据，是否包含基于 BIM 模型的进度对比（含滞后、提前、正常等工况），是否包含合理化建议。

报告合规性。进度模拟报告审核流程是否包含编制人、审核人和审批人签字。

报告质量。进度偏差分析是否准确全面，合理化建议是否具有针对性。

施工实施阶段 BIM 进度控制与管理成果监管要点与监管方法具体如表 5-10 所示。

表 5-10　施工实施阶段 BIM 进度控制与管理成果检查表

应用项	监管成果	监管要点	监管方法	检查结果
进度控制与管理	进度管理模型	模型质量	检查进度管理模型，是否根据进度模拟的需要进行精度划分及模型拆分，并为各类构件指定运动路径；与进度计划时间相关联时，视项目是否增加人工、材料、机械等资源信息	是□　否□
	进度模拟动画	动画质量	检查进度模拟动画，是否表达施工工序、施工工艺及施工、安装信息等	是□　否□
	进度分析报告	报告完整性	检查进度分析报告是否包含计划进度、实际进度数据，是否包含基于 BIM 模型的进度对比（含滞后、提前、正常等工况），是否包含合理化建议	是□　否□
		报告合规性	进度模拟报告审核流程是否包含编制人、审核人和审批人签字	是□　否□
		报告质量	进度偏差分析是否准确全面，合理化建议是否具有针对性	是□　否□

5.4.2　预算与成本控制

1. 监管要点

主要包括成本管理模型、工程量报表和成本核算分析报告的完整性、合规性和质量。

2. 监管方法

1）成本管理模型

检查成本管理模型是否包含上游模型、土建、钢结构、机电等专业模型工程量信息及现场实物量信息。

2）工程量报表

检查工程量报表是否根据单位工程、分部分项工程、施工段工序分级计算，是否包含混凝土、门窗、机电管线等工程量。

3）成本核算分析报告

报告完整性。检查成本核算分析报告是否包含预算成本、实际成本数据，是否包含基于 BIM 模型的成本对比，是否包含合理化建议。

报告合规性。检查成本核算分析报告审核流程是否包含编制人、审核人和审批人签字。

报告质量。检查成本核算分析是否准确全面，合理化建议是否具有针对性。

施工实施阶段 BIM 进度控制与管理成果监管要点与监管方法具体如表 5-11 所示。

表 5-11　施工实施阶段 BIM 预算与成本控制成果检查表

应用项	监管成果	监管要点	监管方法	检查结果
预算与成本控制	成本管理模型	模型质量	检查成本管理模型是否包含上游模型、土建、钢结构、机电等专业模型工程量信息及现场实物量信息	是□　否□
	工程量报表	报表质量	检查工程量报表是否根据单位工程、分部分项工程、施工段工序分级计算，是否包含混凝土、门窗、机电管线等工程量	是□　否□
	成本核算分析报告	报告完整性	检查成本核算分析报告是否包含预算成本、实际成本数据，是否包含基于 BIM 模型的成本对比，是否包含合理化建议	是□　否□
		报告合规性	成本核算分析报告审核流程是否包含编制人、审核人和审批人签字	是□　否□
		报告质量	进度成本核算分析是否准确全面，合理化建议是否具有针对性	是□　否□

5.4.3　质量与安全管理

1. 监管要点

监管要点主要包括施工安全设施配置模型质量和施工质量检查与安全分析报告的完整性、合规性和质量。

2. 监管方法

1）施工安全设施配置模型

检查模型是否包含洞口临边、脚手架、现场消防及临水临电设施。

2）施工质量检查与安全分析报告

报告完整性。检查施工质量检查报告是否包含虚拟模型与现场实际情况一致性比对分析；施工安全分析报告是否包含虚拟施工中发现的危险源和实际采取的安全措施。

报告合规性。检查报告审核流程是否包含编制人、审核人和审批人签字。

报告质量。检查施工质量检查与安全分析内容是否准确全面、是否反映了现场的真实情况。

施工实施阶段 BIM 质量与安全管理成果监管要点与监管方法具体如表 5-12 所示。

表 5-12 施工实施阶段 BIM 质量与安全管理成果检查表

应用项	监管成果	监管要点	监管方法	检查结果
质量与安全管理	施工安全设施配置模型	模型质量	检查模型是否包含洞口临边、脚手架、现场消防及临水临电设施	是□ 否□
	施工质量检查与安全分析报告	报告完整性	检查施工质量检查报告是否包含虚拟模型与现场实际情况一致性比对分析	是□ 否□
			施工安全分析报告是否包含虚拟施工中发现的危险源和实际采取的安全措施	是□ 否□
		报告合规性	检查报告审核流程是否包含编制人、审核人和审批人签字	是□ 否□
		报告质量	检查施工质量检查与安全分析内容是否准确全面、是否反映了现场的真实情况	是□ 否□

5.4.4 预制构件生产加工

1. 监管要点

监管要点主要包括构件预制加工模型质量和构件预制加工图质量。

2. 监管方法

1）构件预制加工模型

检查构件预制加工模型是否包含生产顺序、生产工艺、生产时间、临时堆场位置等生产加工信息；

检查构件预制加工模型是否可以导出配件表，提取系统加工清单与数控数据，直接与加工厂接口，进行下料加工。

2）构件预制加工图

检查构件预制加工图是否为模型导出的加工图纸；

检查是否有构件预制加工系统，是否具有二维码管理、过程追踪、进度管理、在线下料等功能。

施工实施阶段 BIM 预制构件生产加工成果监管要点与监管方法具体如表 5-13 所示。

表 5-13　施工实施阶段 BIM 预制构件生产加工成果检查表

应用项	监管成果	监管要点	监管方法	检查结果
预制构件生产加工	构件预制加工模型	模型质量	检查构件预制加工模型是否包含生产顺序、生产工艺、生产时间、临时堆场位置等生产加工信息	是□　否□
			检查构件预制加工模型是否可以导出配件表，提取系统加工清单与数控数据，直接与加工厂接口，进行下料加工	是□　否□
	构件预制加工图	图纸质量	检查构件预制加工图是否为模型导出的加工图纸	是□　否□
			检查是否有构件预制加工系统，是否具有二维码管理、过程追踪、进度管理、在线下料等功能	是□　否□

5.4.5　预制构件信息管理

1. 监管要点

监管要点主要包括预制构件信息的完整性、规范性、一致性和预制构件信息系统的质量。

2. 监管方法

1）预制构件信息

检查预制构件录入的信息是否包含预制构件的编号、类型、生产厂家、生产日期、主要材料等；

检查预制构件编码是否有统一规范的编码规则；

检查预制构件实际编码是否与编码规则一致；

检查预制构件录入的信息是否与加工图纸信息一致。

2）预制构件信息管理系统

检查是否有预制构件信息管理系统；

检查预制构件信息管理系统是否具有二维码管理、过程追踪、进度管理、在线下料等功能。

施工实施阶段 BIM 预制构件信息管理成果监管要点与监管方法具体如表 5–14 所示。

表 5-14 施工实施阶段 BIM 预制构件信息管理成果检查表

应用项	监管成果	监管要点	监管方法	检查结果
构件预制加工	预制构件信息	完整性	检查预制构件录入的信息是否包含预制构件的编号、类型、生产厂家、生产日期、主要材料等	是□ 否□
		规范性	检查预制构件编码是否有统一规范的编码规则	是□ 否□
		一致性	检查预制构件实际编码是否与编码规则一致	是□ 否□
			检查预制构件录入的信息是否与加工图纸信息一致	是□ 否□
	预制构件信息管理系统	质量	检查是否有预制构件信息管理系统	是□ 否□
			检查预制构件信息管理系统是否具有二维码管理、过程追踪、进度管理、在线下料等功能	是□ 否□

第 6 章　竣工验收阶段

由于竣工验收阶段工程已建设完成，后续竣工备案仅涉及 BIM 竣工模型，因此，BIM 检查只涉及竣工模型，不涉及 BIM 合约监管、BIM 策划与过程监管以及 BIM 应用成果监管。与施工图 BIM 模型一致，竣工 BIM 模型包括建筑、结构、暖通、给排水、电气和场地 6 个专业模型，装配式混凝土结构、钢结构模型均归属于结构专业模型，幕墙、精装修模型归属于建筑专业模型。

在专业模型检查前，首先需要检查项目施工图设计模型的专业完整性，是否包括建筑、结构、暖通、给排水、电气和场地 6 个专业。然后开始分别检查每个专业。各专业模型的监管要点均包括模型完整性、模型合规性、模型精细度和图模一致性 4 个方面。

6.1　建筑专业模型监管

6.1.1　模型完整性

检查建筑专业模型是否包含建筑墙、建筑柱、幕墙、门 / 窗、屋面、楼 / 地面、顶棚、楼梯 / 台阶、坡道、排水沟、集水井、栏杆、雨棚、阳台、露台、设备安装孔洞、人防构件等对象；

检查建筑墙是否包含基层、保温层、其他主要构造层、面层 / 装饰层等模型单元；

检查建筑柱是否包含基层、其他主要构造层、面层 / 装饰层等模型单元；

检查幕墙是否包含嵌板（玻璃、百叶）、主要支撑构件等模型单元；

检查门 / 窗是否包含嵌板（玻璃、百叶）、框材等模型单元；

检查屋面是否包含基层、保温层、防水层、其他构造层、面层 / 装饰层等模型单元；

检查楼 / 地面是否包含基层、保温层、防水层、其他构造层、面层 / 装饰层等模型单元；

检查顶棚是否包含顶棚、主要支撑构件等模型单元；

检查楼梯 / 台阶是否包含梯段 / 平台、栏杆 / 栏板等模型单元；

检查坡道是否包含基层、其他构造层、面层、栏杆 / 栏板等模型单元，坡道梁、坡道板检查结构专业模型；

检查排水沟、集水井是否包含基层、其他构造层、面层模型单元，集水井是否包含面层开洞模型单元，排水沟、集水井底板、侧壁检查结构专业模型；

检查雨棚是否包含基层、面层、主要支撑构件等模型单元；

检查阳台、露台是否包含基层、其他构造层、面层 / 装饰层等模型单元；

检查建筑墙、楼 / 地面、阳台、排水沟、集水井等建筑对象是否包含设备安装孔洞模型单元；

检查人防构件是否包含人防门等模型单元。

6.1.2 模型合规性

模型文件命名合规性。检查建筑专业模型名称，是否与项目策划方案中的模型文件命名规则一致，例如，项目简称 _ 子项名称 _ 专业，相应名称应为：JKZX_1_AR。如果项目策划方案中未说明模型文件命名规则，可参考《交付要求》。

模型单元命名合规性。检查 1 处门窗的模型单元名称，是否与项目策划方案中的模型单元命名规则一致，例如，门窗类型 _ 尺寸，相应名称应为：YFM_1221。如果项目策划方案中未说明模型文件命名规则，可参考《交付要求》。

建筑模型标高命名合规性。检查建筑标高名称，是否与项目策划方案中的模型标高命名规则一致，例如，楼层代码 - 建筑标高值（标高值以米为单位计量，并保留小数点后 3 位），相应名称应为：2F-5.200。如果项目策划方案中未说明模型文件命名规则，可参考《交付要求》。

6.1.3 模型精细度

模型单元几何信息深度。抽查建筑内墙，顶标高位置是否正确，例如挑空区域、坡道区域、吊顶区域等。

模型单元属性信息深度。抽查门 / 窗构件，是否有类型名称（例如门窗编号）、尺寸、材质等信息。

6.1.4　图模一致性

抽查 1 处建筑构件，几何尺寸、标高、材质信息是否与图纸一致；

抽查 1 处建筑专业图纸变更涉及相应 BIM 模型变更之处（如有），检查 BIM 模型是否同步变更，且变更内容与图纸一致。

建筑专业竣工 BIM 模型监管要点与监管方法具体如表 6-1 所示。

表 6-1　建筑专业竣工 BIM 模型检查表

应用项	监管成果	监管要点	监管方法	检查结果
竣工模型	建筑专业模型	模型完整性	检查建筑专业模型是否包含建筑墙、建筑柱、幕墙、门 / 窗、屋面、楼 / 地面、顶棚、楼梯 / 台阶、坡道、排水沟、集水井、栏杆、雨棚、阳台、露台、设备安装孔洞、人防构件等对象	是□　否□
			检查建筑墙是否包含基层、保温层、其他主要构造层、面层 / 装饰层等模型单元	是□　否□
			检查建筑柱是否包含基层、其他主要构造层、面层 / 装饰层等模型单元	是□　否□
			检查幕墙是否包含嵌板（玻璃、百叶）、主要支撑构件等模型单元	是□　否□
			检查门 / 窗是否包含嵌板（玻璃、百叶）、框材等模型单元	是□　否□
			检查屋面是否包含基层、保温层、防水层、其他构造层、面层 / 装饰层等模型单元	是□　否□
			检查楼 / 地面是否包含基层、保温层、防水层、其他构造层、面层 / 装饰层等模型单元	是□　否□
			检查顶棚是否包含顶棚、主要支撑构件等模型单元	是□　否□
			检查楼梯 / 台阶是否包含梯段 / 平台、栏杆 / 栏板等模型单元	是□　否□
			检查坡道是否包含基层、其他构造层、面层、栏杆 / 栏板等模型单元，坡道梁、坡道板检查结构专业模型	是□　否□
			检查排水沟、集水井是否包含基层、其他构造层、面层模型单元，集水井是否包含面层开洞模型单元，排水沟、集水井底板、侧壁检查结构专业模型	是□　否□
			检查雨棚是否包含基层、面层、主要支撑构件等模型单元	是□　否□
			检查阳台、露台是否包含基层、其他构造层、面层 / 装饰层等模型单元	是□　否□

续 表

应用项	监管成果	监管要点	监管方法	检查结果
竣工模型	建筑专业模型	模型完整性	检查建筑墙、楼 / 地面、阳台、排水沟、集水井等建筑对象是否包含设备安装孔洞模型单元	是□　否□
			检查人防构件是否包含人防门等模型单元	是□　否□
		模型合规性	模型文件命名合规性。检查建筑专业模型名称，是否与项目策划方案中的模型文件命名规则一致，例如，项目简称 _ 子项名称 _ 专业，相应名称应为：JKZX_1_AR。如果项目策划方案中未说明模型文件命名规则，可参考《交付要求》	是□　否□
			模型单元命名合规性。检查 1 处门窗的模型单元名称，是否与项目策划方案中的模型单元命名规则一致，例如，门窗类型 _ 尺寸，相应名称应为：YFM_1221。如果项目策划方案中未说明模型文件命名规则，可参考《交付要求》	是□　否□
			建筑模型标高命名合规性。检查建筑标高名称，是否与项目策划方案中的模型标高命名规则一致，例如，楼层代码 - 建筑标高值（标高值以米为单位计量，并保留小数点后 3 位），相应名称应为：2F-5.200。如果项目策划方案中未说明模型文件命名规则，可参考《交付要求》	是□　否□
		模型精细度	模型单元几何信息深度。检查建筑内墙，顶标高位置是否正确，例如挑空区域、坡道区域、吊顶区域等	是□　否□
			模型单元属性信息深度。检查门 / 窗构件，是否有类型名称（例如门窗编号）、尺寸、材质等信息	是□　否□
		图模一致性	抽查 1 处建筑构件，几何尺寸、标高、材质信息是否与图纸一致	是□　否□
			抽查 1 处建筑专业图纸变更涉及相应 BIM 模型变更之处（如有），检查 BIM 模型是否同步变更，且变更内容与图纸一致	是□　否□

6.2　结构专业模型监管

6.1.1　模型完整性

检查结构专业模型是否包含基础、梁、板、柱、结构墙、楼梯、坡道、排水沟、集水坑、节点、预埋件、人防构件等对象；

检查基础是否包含承台、桩基等模型单元；

检查结构墙是否开洞，是否包含预埋件等模型单元；

检查楼梯是否包含梯梁、梯柱、休息平台等模型单元；

检查坡道是否包含坡道梁、坡道板等模型单元；

检查排水沟、集水坑底板侧壁、结构板是否开洞；

检查人防构件是否包含人防墙、人防口部等模型单元。

6.1.2　模型合规性

模型文件命名合规性。检查结构专业模型名称，是否与项目策划方案中的模型文件命名规则一致，例如，项目简称 _ 子项名称 _ 专业，相应名称应为：JKZX_1_ST。如果项目策划方案中未说明模型文件命名规则，可参考《交付要求》。

模型单元命名合规性。抽查 1 处结构梁的模型单元名称，是否与项目策划方案中的模型单元命名规则一致，例如，梁类型 _ 尺寸，相应名称应为：连梁 _400 × 1800。

结构模型标高命名合规性。检查结构标高名称，是否与项目策划方案中的模型标高命名规则一致，例如，楼层代码（结构缩写）– 结构标高值（标高值以米为单位计量，并保留小数点后 3 位），相应名称应为：2F(S)–5.100。如果项目策划方案中未说明模型文件命名规则，可参考《交付要求》。

6.1.3　模型精细度

深化设计模型元素。检查是否包括二次结构（例如构造柱、过梁等）、预埋件和预留孔洞、节点等模型元素。

模型单元几何信息深度。抽查结构柱构件，是否分层（混凝土结构柱）或分段（钢结构柱）建模。

模型单元属性信息深度。抽查结构梁构件，是否有类型名称、尺寸定位信息、材质、混凝土标号信息等。

6.1.4　图模一致性

抽查 1 根结构梁构件，几何尺寸、标高、材质信息是否与图纸一致。

抽查 1 处结构专业图纸变更涉及相应 BIM 模型变更之处（如有），检查 BIM 模型是否同步变更，且变更内容与图纸一致。

结构专业竣工 BIM 模型监管要点与监管方法具体如表 6–2 所示。

表 6-2 结构专业竣工 BIM 模型检查表

应用项	监管成果	监管要点	监管方法	检查结果
竣工模型	结构专业模型	模型完整性	检查结构专业模型是否包含基础、梁、板、柱、结构墙、楼梯、坡道、排水沟、集水坑、节点、预埋件、人防构件等对象	是□ 否□
			检查基础是否包含承台、桩基等模型单元	是□ 否□
			检查结构墙是否开洞，是否包含预埋件等模型单元	是□ 否□
			检查楼梯是否包含梯梁、梯柱、休息平台等模型单元	是□ 否□
			检查坡道是否包含坡道梁、坡道板等模型单元	是□ 否□
			检查排水沟、集水坑底板侧壁、结构板是否开洞	是□ 否□
			检查人防构件是否包含人防墙、人防口部等模型单元	是□ 否□
		模型合规性	模型文件命名合规性。检查结构专业模型名称，是否与项目策划方案中的模型文件命名规则一致，例如，项目简称 _ 子项名称 _ 专业，相应名称应为：JKZX_1_ST。如果项目策划方案中未说明模型文件命名规则，可参考《交付要求》	是□ 否□
			模型单元命名合规性。抽查 1 处结构梁的模型单元名称，是否与项目策划方案中的模型单元命名规则一致，例如，梁类型 _ 尺寸，相应名称应为：连梁 _400×1800	是□ 否□
			结构模型标高命名合规性。检查结构标高名称，是否与项目策划方案中的模型标高命名规则一致，例如，楼层代码（结构缩写）- 结构标高值（标高值以米为单位计量，并保留小数点后 3 位），相应名称应为：2F(S)-5.100。如果项目策划方案中未说明模型文件命名规则，可参考《交付要求》	是□ 否□
		模型精细度	深化设计模型元素。检查是否包括二次结构（例如构造柱、过梁等）、预埋件和预留孔洞、节点等模型元素	是□ 否□
			模型单元几何信息深度。检查结构柱构件，是否分层（混凝土结构柱）或分段（钢结构柱）建模	是□ 否□
			模型单元属性信息深度。检查结构梁构件，是否有类型名称、尺寸定位信息、材质、混凝土标号信息等	是□ 否□
		图模一致性	抽查 1 根结构梁构件，几何尺寸、标高、材质信息是否与图纸一致	是□ 否□
			抽查 1 处结构专业图纸变更涉及相应 BIM 模型变更之处（如有），检查 BIM 模型是否同步变更，且变更内容与图纸一致	是□ 否□

6.3　暖通专业模型监管

6.1.1　模型完整性

检查暖通专业模型是否包含冷热源设备、暖通水系统设备、供暖设备、通风 / 除尘及防排烟设备、空气调节设备、管路及管路附件、风道末端、人防构件等对象；

检查冷热源设备是否包含冷水机组、溴化锂吸收式机组、换热设备、热泵、锅炉、单元式热水设备、蓄热蓄冷装置等模型单元；

检查水系统设备是否包含冷却塔、水泵、膨胀水箱、自动补水定压装、软化水器、集分水器等模型单元；

检查供暖设备是否包含散热器、暖风机、热空气幕、空气加热器等模型单元；

检查通风、除尘及防排烟设备是否包含风机、换气扇、风幕、除尘器等模型单元；

检查空气调节设备是否包含组合式空调机组、新风热交换器、新风处理机组、风机盘管、变风量末端、多联式空调机组、房间空调器、单元式空调机、冷冻除湿机组、加湿器、精密空调机、空气净化装置等模型单元；

检查管路是否包含 DN50 以上管道、风管、保温、管道支撑件、设备隔振等模型单元；

检查附件末端是否包含阀门仪表、消声器、风口等模型单元；

检查人防构件是否包含人防风管、设备、阀门等模型单元。

6.3.2　模型合规性

模型文件命名合规性。检查暖通专业模型名称，是否与项目策划方案中的模型文件命名规则一致，例如，项目简称 _ 子项名称 _ 专业，相应名称应为：JKZX_1_AC。如果项目策划方案中未说明模型文件命名规则，可参考《交付要求》。

模型单元命名合规性。检查暖通管线的系统及颜色方案，是否与项目策划方案中的暖通系统及颜色方案一致，例如，二级系统名称空调冷却水供水，相应颜色（RGB）应为：0, 255, 255。如果项目策划方案中未说明暖通系统及颜色方案，可参考《交付要求》。

6.3.3 模型精细度

深化设计模型元素。检查是否包括风道末端、阀门仪表、支吊架等模型元素。

模型单元几何信息深度。检查暖通机房，优先冷热源机房，设备与施工图尺寸一致、接管方向正确、管线齐全、管件附件末端保温齐全。

模型单元属性信息深度。检查空调冷凝水管，是否有系统分类名称、管径、标高、坡度、管材连接方式、保温材质厚度等。

6.3.4 图模一致性

抽查 1 处暖通主管，几何尺寸、系统名称、管材连接方式、坡度、保温要求是否与图纸一致；

抽查 1 处暖通专业图纸变更涉及相应 BIM 模型变更之处（如有），检查 BIM 模型是否同步变更，且变更内容与图纸一致。

暖通专业竣工 BIM 模型监管要点与监管方法具体如表 6-3 所示。

表 6-3 暖通专业竣工 BIM 模型检查表

应用项	监管成果	监管要点	监管方法	检查结果
竣工模型	暖通专业模型	模型完整性	检查暖通专业模型是否包含冷热源设备、暖通水系统设备、供暖设备、通风 / 除尘及防排烟设备、空气调节设备、管路及管路附件、风道末端、人防构件等对象	是□ 否□
			检查冷热源设备是否包含冷水机组、溴化锂吸收式机组、换热设备、热泵、锅炉、单元式热水设备、蓄热蓄冷装置等模型单元	是□ 否□
			检查水系统设备是否包含冷却塔、水泵、膨胀水箱、自动补水定压装、软化水器、集分水器等模型单元	是□ 否□
			检查供暖设备是否包含散热器、暖风机、热空气幕、空气加热器等模型单元	是□ 否□
			检查通风、除尘及防排烟设备是否包含风机、换气扇、风幕、除尘器等模型单元	是□ 否□
			检查空气调节设备是否包含组合式空调机组、新风热交换器、新风处理机组、风机盘管、变风量末端、多联式空调机组、房间空调器、单元式空调机、冷冻除湿机组、加湿器、精密空调机、空气净化装置等模型单元	是□ 否□

续 表

应用项	监管成果	监管要点	监管方法	检查结果
竣工模型	暖通专业模型	模型完整性	检查管路是否包含 DN50 以上管道、风管、保温、管道支撑件、设备隔振等模型单元	是□　否□
			检查附件末端是否包含阀门仪表、消声器、风口等模型单元	是□　否□
			检查人防构件是否包含人防风管、设备、阀门等模型单元	是□　否□
		模型合规性	模型文件命名合规性。检查暖通专业模型名称，是否与项目策划方案中的模型文件命名规则一致，例如，项目简称 _ 子项名称 _ 专业，相应名称应为：JKZX_1_AC。如果项目策划方案中未说明模型文件命名规则，可参考《交付要求》	是□　否□
			模型单元命名合规性。检查暖通管线的系统及颜色方案，是否与项目策划方案中的暖通系统及颜色方案一致，例如，二级系统名称空调冷却水供水，相应颜色（RGB）应为：0, 255, 255。如果项目策划方案中未说明暖通系统及颜色方案，可参考《交付要求》	是□　否□
		模型精细度	深化设计模型元素。检查是否包括风道末端、阀门仪表、支吊架等模型元素	是□　否□
			模型单元几何信息深度。检查暖通机房，优先冷热源机房，设备与施工图尺寸一致、接管方向正确、管线齐全、管件附件末端保温齐全	是□　否□
			模型单元属性信息深度。检查空调冷凝水管，是否有系统分类名称、管径、标高、坡度、管材连接方式、保温材质厚度等	是□　否□
		图模一致性	抽查 1 处暖通主管，几何尺寸、系统名称、管材连接方式、坡度、保温要求是否与图纸一致	是□　否□
			抽查 1 处暖通专业图纸变更涉及相应 BIM 模型变更之处（如有），检查 BIM 模型是否同步变更，且变更内容与图纸一致	是□　否□

6.4　给排水专业模型监管

6.4.1　模型完整性

检查给排水专业模型是否包含供水设备、加热贮热设备、排水设备、水处理设备、消防设备、冷却塔、管道和管道附件、卫浴装置、人防构件等对象；

检查供水设备是否包含水箱、供水水泵等模型单元；

检查加热贮热设备是否包含热水器、换热器、太阳能集热设备、加热贮热水罐（箱）、热水机组、热泵机组等模型单元；

检查排水设备是否包含提升设备、隔油设备等模型单元；

检查水处理设备是否包含软化水设备、过滤设备、膜处理设备、地下水有毒物质、去除设备、消毒设备等模型单元；

检查消防设备是否包含消防水泵、高位消防水箱、消防增压稳压给水设备、消防水泵接合器、消火栓、喷头、报警阀组、水流指示器、试水装置、减压孔板、大空间智能型主动喷水灭火装置、固定消防炮、细水雾灭火设备、气体灭火设备、泡沫灭火设备、消防器材、消防水池等模型单元；

检查管路是否包含该项目给排水系统 DN50 以上管道、保温、支吊架等模型单元；

检查附件末端是否包含阀门仪表、雨水斗、过滤器、清扫口、检查口等模型单元；

检查穿结构构件处是否设置套管；

检查人防构件是否包含人防管道、水箱、阀门等模型单元。

6.4.2 模型合规性

模型文件命名合规性。检查给排水专业模型名称，是否与项目策划方案中的模型文件命名规则一致，例如，项目简称 _ 子项名称 _ 专业，相应名称应为：JKZX_1_PD。如果项目策划方案中未说明模型文件命名规则，可参考《交付要求》。

模型单元命名合规性。检查给排水管线的系统及颜色方案，是否与项目策划方案中的给排水系统及颜色方案一致，例如，二级系统名称气体灭火系统，相应颜色（RGB）应为：255, 0, 255。如果项目策划方案中未说明给排水系统及颜色方案，可参考《交付要求》。

6.4.3 模型精细度

深化设计模型元素。检查是否包括喷淋头、阀门仪表、支吊架等模型元素。

模型单元几何信息深度。检查给排水机房，优先消防泵房，设备与施工图尺寸一致、接管方向正确、管线齐全、管件附件末端保温齐全。

模型单元属性信息深度。检查重力污水管，是否有系统分类名称、管径、标高、坡度、管材连接方式等。

6.4.4　图模一致性

抽查 1 处给排水管道，几何尺寸、系统名称、管材连接方式、坡度、保温要求是否与图纸一致。

抽查 1 处给排水专业图纸变更涉及相应 BIM 模型变更之处（如有），检查 BIM 模型是否同步变更，且变更内容与图纸一致。

给排水专业竣工 BIM 模型监管要点与监管方法具体如表 6-4 所示。

表 6-4　给排水专业竣工 BIM 模型检查表

应用项	监管成果	监管要点	监管方法	检查结果
竣工模型	给排水专业模型	模型完整性	检查给排水专业模型是否包含供水设备、加热贮热设备、排水设备、水处理设备、消防设备、冷却塔、管道和管道附件、卫浴装置、人防构件等对象	是□　否□
			检查供水设备是否包含水箱、供水水泵等模型单元	是□　否□
			检查加热贮热设备是否包含热水器、换热器、太阳能集热设备、加热贮热水罐（箱）、热水机组、热泵机组等模型单元	是□　否□
			检查排水设备是否包含提升设备、隔油设备等模型单元	是□　否□
			检查水处理设备是否包含软化水设备、过滤设备、膜处理设备、地下水有毒物质、去除设备、消毒设备等模型单元	是□　否□
			检查消防设备是否包含消防水泵、高位消防水箱、消防增压稳压给水设备、消防水泵接合器、消火栓、喷头、报警阀组、水流指示器、试水装置、减压孔板、大空间智能型主动喷水灭火装置、固定消防炮、细水雾灭火设备、气体灭火设备、泡沫灭火设备、消防器材、消防水池等模型单元	是□　否□
			检查管路是否包含该项目给排水系统 DN50 以上管道、保温、支吊架等模型单元	是□　否□
			检查附件末端是否包含阀门仪表、雨水斗、过滤器、清扫口、检查口等模型单元	是□　否□
			检查穿结构构件处是否设置套管	是□　否□
			检查人防构件是否包含人防管道、水箱、阀门等模型单元	是□　否□
		模型合规性	模型文件命名合规性。检查给排水专业模型名称，是否与项目策划方案中的模型文件命名规则一致，例如，项目简称 _ 子项名称 _ 专业，相应名称应为：JKZX_1_PD。如果项目策划方案中未说明模型文件命名规则，可参考《交付要求》	是□　否□

续 表

应用项	监管成果	监管要点	监管方法	检查结果
竣工模型	给排水专业模型	模型合规性	模型单元命名合规性。检查给排水管线的系统及颜色方案，是否与项目策划方案中的给排水系统及颜色方案一致，例如，二级系统名称气体灭火系统，相应颜色（RGB）应为：255, 0, 255。如果项目策划方案中未说明给排水系统及颜色方案，可参考《交付要求》	是□ 否□
		模型精细度	深化设计模型元素。检查是否包括喷淋头、阀门仪表、支吊架等模型元素	是□ 否□
			模型单元几何信息深度。检查给排水机房，优先消防泵房，设备与施工图尺寸一致、接管方向正确、管线齐全、管件附件末端保温齐全	是□ 否□
			模型单元属性信息深度。检查重力污水管，是否有系统分类名称、管径、标高、坡度、管材连接方式等	是□ 否□
		图模一致性	抽查 1 处给排水管道，几何尺寸、系统名称、管材连接方式、坡度、保温要求是否与图纸一致	是□ 否□
			抽查 1 处给排水专业图纸变更涉及相应 BIM 模型变更之处（如有），检查 BIM 模型是否同步变更，且变更内容与图纸一致	是□ 否□

6.5 电气专业模型监管

6.5.1 模型完整性

检查电气专业模型是否包含配变电所、自备应急、低压配电、电源、电气照明、建筑物防雷、接地和特殊场所的安全防护、配电线路及线路敷设、人防构件等对象；

检查配电线路及线路敷设是否包含线槽、电缆桥架、密集母线等模型单元；

检查配变电所是否包含长配电所布置、10（6）kV 配电装置、配电变压器、低压配电装置、电力电容器装置、直流屏、信号屏等模型单元；

检查自备应急是否包含自备应急柴油发电机组等模型单元；

检查电源是否包含应急电源装置、不间断电源装置等模型单元；

检查低压配电是否包含低压电器、低压配电线路、低压配电系统的电击防护、成套控制装置、电气系统器件等模型单元；

检查电气照明是否包含照明光源、照明灯具、照明供电设备、照明配电线路、照明控制设备、照明控制线路、消防应急照明和疏散指示设备、消防应急照明线路等模型单元；

检查建筑物防雷、接地和特殊场所的安全防护是否包含防雷接闪器、防雷引下线、接地网、防雷击电磁脉冲、通用电力设备接地及等电位联结等模型单元；

检查是否包含线槽布线、电缆桥架布线、封闭式母线布线，电线、电缆配线管≥D50，电线、电缆敷设器材、支吊架等模型单元；

检查穿结构构件处是否设置套管；

检查人防构件是否包含人防桥架等模型单元。

6.5.2　模型合规性

模型文件命名合规性。检查电气专业模型名称，是否与项目策划方案中的模型文件命名规则一致，例如，项目简称 _ 子项名称 _ 专业，相应名称应为：JKZX_1_EL。如果项目策划方案中未说明模型文件命名规则，可参考《交付要求》。

模型单元命名合规性。检查电气管线的系统及颜色方案，是否与项目策划方案中的电气系统及颜色方案一致，例如，二级系统名称 400 V 干线应急桥架，相应颜色（RGB）应为：255, 0, 128。如果项目策划方案中未说明电气系统及颜色方案，可参考《交付要求》。

6.5.3　模型精细度

深化设计模型元素。检查是否包括机柜、照明设备、开关插座、支吊架等模型元素。

模型单元几何信息深度。检查电气机房，优先配变电所，设备与施工图尺寸一致、桥架线槽密集母线齐全准确。

模型单元属性信息深度。检查强电桥架，是否有系统分类名称、尺寸、标高等。

6.5.4　图模一致性

抽查 1 处桥架，几何尺寸、系统名称是否与图纸一致。

抽查 1 处建筑专业图纸变更涉及相应 BIM 模型变更之处（如有），检查 BIM 模型是否同步变更，且变更内容与图纸一致。

电气专业竣工 BIM 模型监管要点与监管方法具体如表 6–5 所示。

表 6-5　电气专业竣工 BIM 模型检查表

应用项	监管成果	监管要点	监管方法	检查结果
竣工模型	电气专业模型	模型完整性	检查电气专业模型是否包含配变电所、自备应急、低压配电、电源、电气照明、建筑物防雷、接地和特殊场所的安全防护、配电线路及线路敷设、人防构件等对象	是□　否□
			检查配电线路及线路敷设是否包含线槽、电缆桥架、密集母线等模型单元	是□　否□
			检查配变电所是否包含长配电所布置、10（6）kV 配电装置、配电变压器、低压配电装置、电力电容器装置、直流屏、信号屏等模型单元	是□　否□
			检查自备应急是否包含自备应急柴油发电机组等模型单元	是□　否□
			检查电源是否包含应急电源装置、不间断电源装置等模型单元	是□　否□
			检查低压配电是否包含低压电器、低压配电线路、低压配电系统的电击防护、成套控制装置、电气系统器件等模型单元	是□　否□
			检查电气照明是否包含照明光源、照明灯具、照明供电设备、照明配电线路、照明控制设备、照明控制线路、消防应急照明和疏散指示设备、消防应急照明线路等模型单元	是□　否□
			检查建筑物防雷、接地和特殊场所的安全防护是否包含防雷接闪器、防雷引下线、接地网、防雷击电磁脉冲、通用电力设备接地及等电位联结等模型单元	是□　否□
			检查是否包含线槽布线、电缆桥架布线、封闭式母线布线，电线、电缆配线管≥ D50，电线、电缆敷设器材、支吊架等模型单元	是□　否□
			检查穿结构构件处是否设置套管	是□　否□
			检查人防构件是否包含人防桥架等模型单元	是□　否□
		模型合规性	模型文件命名合规性。检查电气专业模型名称，是否与项目策划方案中的模型文件命名规则一致，例如，项目简称 _ 子项名称 _ 专业，相应名称应为：JKZX_1_EL。如果项目策划方案中未说明模型文件命名规则，可参考《交付要求》	是□　否□
			模型单元命名合规性。检查电气管线的系统及颜色方案，是否与项目策划方案中的电气系统及颜色方案一致，例如，二级系统名称 400 V 干线应急桥架，相应颜色（RGB）应为：255,0,128。如果项目策划方案中未说明电气系统及颜色方案，可参考《交付要求》	是□　否□
		模型精细度	深化设计模型元素。检查是否包括机柜、照明设备、开关插座、支吊架等模型元素	是□　否□
			模型单元几何信息深度。检查电气机房，优先配变电所，设备与施工图尺寸一致、桥架线槽密集母线齐全准确	是□　否□

续　表

应用项	监管成果	监管要点	监管方法	检查结果
竣工模型	电气专业模型	模型精细度	模型单元属性信息深度。检查强电桥架，是否有系统分类名称、尺寸、标高等	是□　否□
		图模一致性	抽查 1 处桥架，几何尺寸、系统名称是否与图纸一致	是□　否□
			抽查 1 处建筑专业图纸变更涉及相应 BIM 模型变更之处（如有），检查 BIM 模型是否同步变更，且变更内容与图纸一致	是□　否□

6.6　场地（建筑总图）专业模型监管

6.6.1　模型完整性

检查场地专业模型是否包含控制线、道路、停车场、广场、人行道、室外活动区、园林景观、场地及附属设施等对象；

检查控制线是否包含用地红线、道路红线、其他必要规划控制线等模型单元；

检查场地附属设施是否包含红线范围内室外小市政管道、管道配件和连接件、小市政管井、阀门仪表等模型单元；

检查场地附属设施是否包含红线范围内场地消火栓、室外消防设备、消防登高面、排水口、围墙和大门、现场设备、挡土墙、场地桥梁、现场检查设备、场地特制品等模型单元；

检查道路是否包含道路铺面、行车线、车辆收费系统、车库道路出入口等模型单元；

检查停车场是否包含停车场路面、行车线、停车位等模型单元；

检查广场是否包含广场、路缘石等模型单元；

检查人行道是否包含人行道斑马线等模型单元；

检查园林景观是否包含绿地轮廓线、景观水域及水体轮廓线等模型单元。

6.6.2　模型合规性

模型文件命名合规性。检查场地专业模型名称，是否与项目策划方案中的模型文件命名规则一致，例如，项目简称 _ 子项名称 _ 专业，相应名称应为：JKZX_1_GL。如果项目策划方案中未说明模型文件命名规则，可参考《交付要求》。

6.6.3 模型精细度

模型单元几何信息深度。检查出户密集处，小市政管线与室内管线是否对齐一致，穿外墙处是否留有套管，管井是否衔接无误，场地高程是否准确。

模型单元属性信息深度。检查场地构件，是否有类型名称、高程、坡度、材质等。

6.6.4 图模一致性

抽查 1 处小市政管线，管径、坡度、系统名称、起点终点标高是否与图纸一致。

抽查 1 处场地专业图纸变更涉及相应 BIM 模型变更之处（如有），检查 BIM 模型是否同步变更，且变更内容与图纸一致。

场地专业竣工 BIM 模型监管要点与监管方法具体如表 6–6 所示。

表 6-6 场地专业竣工 BIM 模型检查表

应用项	监管成果	监管要点	监管方法	检查结果
竣工模型	场地专业模型	模型完整性	检查场地专业模型是否包含控制线、道路、停车场、广场、人行道、室外活动区、园林景观、场地及附属设施等对象	是□ 否□
			检查控制线是否包含用地红线、道路红线、其他必要规划控制线等模型单元	是□ 否□
			检查场地附属设施是否包含含红线范围内室外小市政管道、管道配件和连接件、小市政管井、阀门仪表等模型单元	是□ 否□
			检查场地附属设施是否包含红线范围内场地消火栓、室外消防设备、消防登高面、排水口、围墙和大门、现场设备、挡土墙、场地桥梁、现场检查设备、场地特制品等模型单元	是□ 否□
			检查道路是否包含道路铺面、行车线、车辆收费系统、车库道路出入口等模型单元	是□ 否□
			检查停车场是否包含停车场路面、行车线、停车位等模型单元	是□ 否□
			检查广场是否包含广场、路缘石等模型单元	是□ 否□
			检查人行道是否包含人行道斑马线等模型单元	是□ 否□

续　表

应用项	监管成果	监管要点	监管方法	检查结果
竣工模型	场地专业模型	模型完整性	检查园林景观是否包含绿地轮廓线、景观水域及水体轮廓线等模型单元	是□　否□
		模型合规性	模型文件命名合规性。检查场地专业模型名称，是否与项目策划方案中的模型文件命名规则一致，例如，项目简称 _ 子项名称 _ 专业，相应名称应为：JKZX_1_GL。如果项目策划方案中未说明模型文件命名规则，可参考《交付要求》	是□　否□
		模型精细度	模型单元几何信息深度。小市政管线与室内管线是否对齐一致，穿外墙处是否留有套管，管井是否衔接无误，场地高程是否准确	是□　否□
			模型单元属性信息深度。检查场地构件，是否有类型名称、高程、坡度、材质等	是□　否□
		图模一致性	抽查 1 处小市政管线，管径、坡度、系统名称、起点终点标高是否与图纸一致	是□　否□
			抽查 1 处场地专业图纸变更涉及相应 BIM 模型变更之处（如有），检查 BIM 模型是否同步变更，且变更内容与图纸一致	是□　否□

第 7 章　BIM 实施情况评估方案

在第 3—6 章施工图设计、施工准备、施工实施和竣工验收阶段的 BIM 技术应用全过程监管要点的基础上，本章介绍 BIM 实施情况评估方案，对项目 BIM 技术实施情况进行总体评估。

7.1　评估指标体系

根据第 2 章的监管框架，BIM 实施情况评估指标包括 BIM 合约、BIM 策划与过程、BIM 模型、BIM 应用成果共 4 项一级指标，11 项二级指标和 20 个三级指标。民用建筑工程 BIM 实施情况评估指标汇总表如表 7–1 所示。

表 7-1　　民用建筑工程 BIM 实施情况评估指标汇总表

序号	一级指标	二级指标	三级指标
C1	BIM 合约	报建表	报建阶段符合性
C2		设计 / 施工 /BIM 咨询合同	应用项
C3			应用成果
C4			成果深度
C5			BIM 费用
C6			应用依据
P1	BIM 策划与过程	BIM 总体策划 /BIM 实施方案	完整性
P2			针对性
P3			规范性
P4		过程监管	BIM 模型更新频率
P5			BIM 问题追踪解决率
P6			重要人员到位率
P7			BIM 协同管理情况

续　表

序号	一级指标	二级指标	三级指标
M1	BIM模型	施工图模型	模型完整性 模型合规性 模型精细度 图模一致性
M2		施工深化模型	
M3		施工过程模型	
M4		竣工模型	
R1	BIM应用成果	基础应用	成果完整性 成果合规性 成果质量
R2		拓展应用	
R3		创新应用	

7.2　具体评估方案

7.2.1　评估等级划分

每个项目单独评分，评估总分满分100分。评估结果根据评估得分从高到低划分为A、B、C、D四个等级。总分≥ 90为A级，80 ≤总分< 90为B级，60 ≤总分< 80为C级，总分< 60为D级。

7.2.2　评估分值与规则

组织专家对抽查到的项目分别评分，对多个专家的评分结果进行加权平均的得分为最终评估得分。专家数量通常为3个及以上单数。

BIM合约、BIM策划与过程、BIM模型、BIM应用成果4个一级指标的单项分值分别为10分、10分、40分、40分。各项细分指标分值及评分规则如下。

1.BIM合约

BIM合约二级指标包括报建表和设计/施工/BIM咨询合同2项。报建表的三级指标仅1项：报建阶段符合性；设计/施工/BIM咨询合同的三级指标包括应用项、应用成果、成果深度、BIM 费用、应用依据 5 项。各指标类型、评分规则及分值如表 7–2 所示。

表 7-2 BIM 合约评估指标及评分规则

序号	一级指标	二级指标	三级指标	评分规则	分值	备注
1	BIM 合约	报建表	报建阶段符合性	勾选设计和施工 2 个阶段或设计、施工、运维 3 个阶段，得 2 分； 勾选设计或施工阶段，得 1 分； 其他不得分	2	默认勾选设计和施工阶段
2		设计 / 施工 / BIM 咨询合同	应用项	应用项明确，得 2 分； 应用项不明确，得 1 分； 无应用项，不得分	2	
3			应用成果	应用成果明确，得 2 分； 应用成果不明确，得 1 分； 无应用成果，不得分	2	
4			成果深度	成果深度明确，得 2 分； 成果深度不明确，得 1 分； 无成果深度，不得分	2	
5			BIM 费用	BIM 费用单列，得 1 分； BIM 费用未单列，得 0.5 分； 无 BIM 费用，不得分	1	
6			应用依据	应用依据准确，得 1 分； 应用依据不准确，得 0.5 分； 无应用依据，不得分	1	

2.BIM 策划与过程

BIM 策划与过程二级指标包括 BIM 总体策划 /BIM 实施方案和过程监管 2 项。BIM 总体策划 /BIM 实施方案的三级指标包括完整性、针对性、规范性 3 项；过程监管的三级指标包括 BIM 模型更新频率、BIM 问题追踪解决率、重要人员到位率、BIM 协同管理情况 4 项。各指标类型、评分规则及分值如表 7–3 所示。

3.BIM 模型

BIM 模型二级指标包括施工图模型、施工深化模型、施工过程模型、竣工模型 4 项。每个二级指标的三级指标均包括模型完整性、模型合规性、模型精细度和图模一致性 4 项。根据检查时项目所处阶段不同，需要评分的模型数量不同，需要在多个模型得分基础上进行加权平均。各指标类型、评分规则及分值如表 7–4 所示。

表 7-3　BIM 策划与过程评估指标及评分规则

序号	一级指标	二级指标	三级指标	评分规则	分值	备注
1	BIM 策划与过程	BIM 总体策划 /BIM 实施方案	完整性	内容完整，得 2 分； 内容不完整，得 1 分； 没有方案不得分	2	
2			针对性	针对性强，得 2 分； 针对性一般，得 1 分； 缺乏针对性，不得分	2	
3			规范性	内容规范，得 1 分； 内容不规范，不得分	1	
4		过程监管	BIM 模型更新频率	模型更新及时，得 1 分； 模型更新不及时，得 0.5 分； 模型无更新，不得分	1	
5			BIM 问题追踪解决率	有 BIM 问题追踪清单，且解决率≥ 80，得 2 分； 有 BIM 问题追踪清单，但解决率＜ 80，得 1 分； 无 BIM 问题追踪清单，不得分	2	
6			重要人员到位率	有签到表，且重要人员到位率≥ 80，得 1 分； 有签到表，但重要人员到位率＜ 80，得 1 分； 无签到表，不得分	1	
7			BIM 协同管理情况	有协同管理平台，且业主、设计、施工等参建各方均参与协同，得 1 分； 有协同管理平台，但仅业主 / 设计 / 施工内部协同，得 0.5 分； 无协同管理平台，不得分	1	

表 7-4　BIM 模型评估指标及评分规则

序号	一级指标	二级指标	三级指标	评分规则	分值	备注
1	BIM 模型	各阶段 BIM 模型	模型完整性	模型完整，得 10 分； 少 1 类对象扣 1 分，扣完为止	10	
2			模型合规性	模型合规，得 10 分； 抽查 5 处，1 处不合规扣 2 分，扣完为止	10	
3			模型精细度	模型精细，得 10 分； 抽查 5 处，1 处不符合扣 2 分，扣完为止	10	
4			图模一致性	图模一致，得 10 分； 抽查 5 处，1 处不一致扣 2 分，扣完为止	10	

4.BIM 应用成果

BIM 应用成果二级指标包括基础应用、拓展应用、创新应用 3 项。每个二级指标的三级指标均包括成果完整性、成果合规性、成果质量 3 项。根据检查时项目所处阶段不同和项目选择的应用项不同，需要评分的基础应用、拓展应用、创新应用的应用项数量不同，需要在多个应用项得分基础上进行加权平均分别得出基础应用、拓展应用、创新应用的得分，然后再汇总得分。各指标类型、评分规则及分值如表 7–5 所示。

表 7-5 BIM 应用成果评估指标及评分规则

序号	一级指标	二级指标	三级指标	评分规则	分值	备注
1	BIM 应用项	基础应用	成果完整性	成果完整，得 6 分； 少 1 类成果扣 3 分，扣完为止	6	
2			成果合规性	成果合规，得 3 分； 1 处不合规扣 1 分，扣完为止	3	
3			成果质量	成果质量非常好，得 9 分； 成果质量较好，得 6 分； 成果质量一般，得 3 分； 成果质量较差，不得分	9	
4		拓展应用	成果完整性	成果完整，得 6 分； 少 1 类成果扣 3 分，扣完为止	6	
5			成果合规性	成果合规，得 3 分； 1 处不合规扣 1 分，扣完为止	3	
6			成果质量	成果质量非常好，得 9 分； 成果质量较好，得 6 分； 成果质量一般，得 3 分； 成果质量较差，不得分	9	
7		创新应用	成果完整性	成果完整，得 1 分； 不完整不得分	1	
8			成果合规性	成果合规，得 1 分； 不合规不得分	1	
9			成果质量	成果质量好，得 2 分； 成果质量一般，得 1 分； 成果质量较差，不得分	2	

第 8 章　工程应用

本章根据第 2—6 章的建筑信息模型全过程监管框架以及设计、施工准备、施工实施和竣工验收阶段的 BIM 技术应用全过程监管要点的基础上，以嘉定区黄渡大居（一期）09A-08 地块共有产权保障住房项目为例，在项目施工过程中进行抽查，检查施工图设计、施工准备、施工实施三个阶段 BIM 的应用情况，验证民用建筑 BIM 应用全过程监管要点的可行性，为实际监管工作开展提供参考。

8.1　项目概况

8.1.1　工程概况

本工程总建筑面积 159 132.51 平方米，其中地上计容面积 117 307.25 平方米，地上不计容面积 4 120.12 平方米，地下建筑面积 37 705.14 平方米。建筑全部采用装配式建筑，建筑单体预制率 40%。项目由 12 栋单体组成，其中高层 11 幢，层数在 18—26 层。

项目效果图如图 8-1 所示。

项目参建单位包括：

建设单位：上海隆鹏房地产开发有限公司

设计单位：上海江南建筑设计院有限公司

施工总包单位：中国建筑第八工程局有限公司

构件厂：苏州杰通建筑工业有限公司

监理单位：上海浩安建设工程监理有限公司

BIM 咨询单位：上海建科工程咨询有限公司

图 8-1 项目效果图

8.1.2 BIM 合同签署情况

项目建设单位与专业的第三方 BIM 咨询单位签署了 BIM 全过程咨询合同，项目 BIM 咨询单位上海建科工程咨询有限公司，具有很强的 BIM 全过程策划和监管能力，同时具有全生命期 BIM 建模和应用能力。BIM 咨询合同中明确了 BIM 应用项、应用成果、成果深度、BIM 费用、应用依据等内容。

8.1.3 BIM 策划与实施方案

项目 BIM 咨询单位编制了完整详细的 BIM 策划方案，施工单位编制了施工专项 BIM 实施方案（图 8–2）。

BIM 策划方案主要内容如下。

1.BIM 应用范围和内容

根据合同内容进行细化，明确 BIM 应用范围包括 1#—12# 所有单体，建筑、结构、机电全专业应用。根据项目 BIM 技术应用方案，本项目 BIM 应用分为设计、施工准备、施工实施和竣工验收 4 个子阶段进行，共包含 18 个 BIM 技术应用项，其中基础应用项 9 项，拓

图 8-2　BIM 总体实施方案（左）和施工专项 BIM 实施方案（右）

展应用项 7 项，创新应用项 2 项。

BIM 具体应用项和应用成果如表 8-1 所示。

表 8-1　BIM 应用项及应用成果清单

编号	应用阶段	应用项	应用成果	备注
1	设计阶段	施工图模型	建筑专业模型 结构专业模型 暖通专业模型 给排水专业模型 电气专业模型	基础应用
2		三维管线综合	管线综合模型	基础应用
3		碰撞检查	碰撞检查报告	基础应用
4		净空优化	净高分析报告	基础应用
5		虚拟仿真漫游	虚拟仿真图或动画	拓展应用
6		二维制图表达	模型导出的二维图纸	拓展应用
7		设计方案比选	设计方案模型 方案比选报告	创新应用
8	施工准备阶段	施工深化模型	土建深化模型及图纸 机电深化模型及图纸	基础应用

续 表

编号	应用阶段	应用项	应用成果	备注
9	施工准备阶段	施工场地规划	场地布置模拟动画 场地布置模拟分析报告	基础应用
10		施工方案模拟	施工专项方案模拟动画 施工专项方案分析报告	基础应用
11	施工实施阶段	施工深化设计	预制混凝土结构深化模型及图纸 钢结构深化模型及图纸 幕墙深化模型及图纸 装饰深化模型及图纸	基础应用
12		进度控制与管理	进度管理模型 进度模拟动画 进度分析报告	拓展应用
13		预算与成本控制	成本管理模型 工程量报表 成本核算分析报告	拓展应用
14		质量与安全管理	安全设施配置模型 施工质量检查与安全分析报告	拓展应用
15		预制构件生产加工	预制构件加工模型 预制构件加工图	拓展应用
16		预制构件信息管理	预制构件信息 预制构件信息管理系统	拓展应用
17		BIM 协同管理平台	BIM 协同管理流程 BIM 协同管理机制 BIM 协同管理记录	创新应用
18	竣工阶段	竣工模型	建筑专业竣工模型 结构专业竣工模型 暖通专业竣工模型 给排水专业竣工模型 电气专业竣工模型	基础应用

2. 组织架构及职责分工

项目采用业主主导，各参建单位共同参与的协同工作组织架构。

项目 BIM 应用的协同组织架构如图 8-3 所示。

建设单位、BIM 咨询单位、设计单位、施工单位及 PC 构件厂的 BIM 工作范围和职责如表 8-2 所示。

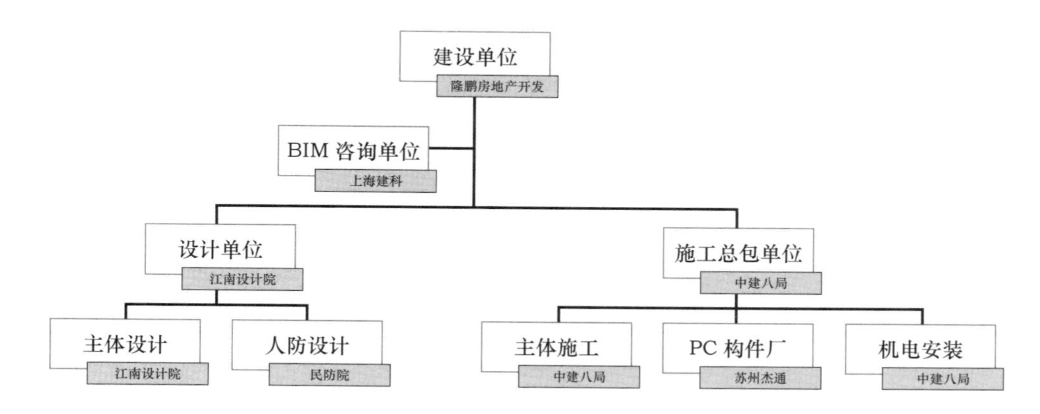

图 8-3　BIM 协同组织架构图

表 8-2　职责矩阵

编号	应用阶段	任务名称	交付成果	建设单位	BIM 咨询单位	设计单位	施工单位	PC 构件厂
A1	策划阶段	实施方案编制	BIM 实施方案	审核 / 验收	负责	提资 / 了解	提资 / 了解	提资 / 了解
A2		建模导则编制	BIM 建模导则	审核 / 验收	负责	提资 / 了解	提资 / 了解	提资 / 了解
A3		应用导则编制	BIM 实施导则	审核 / 验收	负责	提资 / 了解	提资 / 了解	提资 / 了解
A4		验收导则编制	BIM 验收导则	审核 / 验收	负责	提资 / 了解	提资 / 了解	提资 / 了解
B1	设计阶段	设计方案比选	设计方案模型 方案比选报告	验收	了解	负责	了解	了解
B2		建筑、结构专业模型构建（初步设计阶段）	建筑、结构专业模型	验收	负责	配合	了解	了解
B3		建筑结构平面、立面、剖面检查	修改后的建筑、结构专业模型检查报告	验收	负责	配合	了解	了解
B4		各专业模型构建（施工图阶段）	各专业模型	验收	负责	配合	了解	了解
B5		冲突检测及三维管线综合	调整后的各专业模型、优化报告	验收	负责	配合	了解	了解
B6		竖向净空优化	调整后的各专业模型、优化报告	验收	负责	配合	了解	了解
B7		虚拟仿真漫游	动画视频文件	验收	负责	配合	了解	了解

续 表

编号	应用阶段	任务名称	交付成果	建设单位	BIM 咨询单位	设计单位	施工单位	PC 构件厂
C1	施工准备阶段	施工深化设计	施工深化设计模型	验收	审核	了解	负责	了解
C2		施工方案模拟	施工方案演示模型	验收	审核	了解	负责	了解
C3		构件预制加工	预制构件模型 构件预制加工图	验收	审核	了解	审核	负责
D1	构件预制阶段	预制构件深化建模	预制构件模型	验收	审核	了解	负责	配合
D2		预制构件碰撞检查	碰撞报告	验收	负责	了解	审核	配合
D3		预制构件材料统计	明细表工程量统计	验收	审核	了解	负责	配合
D4		BIM 模型指导构件生产	模型交底	验收	审核	了解	负责	配合
D5		预制构件安装模拟	虚拟安装视频	验收	负责	了解	审核	配合
D6		BIM 模型导出预制构件加工图	图纸	验收	审核	了解	负责	配合
E1	施工阶段	质量安全管理	施工安全设施配置模型、 施工质量检查与 安全分析报告	验收	审核	了解	负责	了解
E2		虚拟进度和实际进度对比	施工进度控制报告	验收	负责	了解	配合	了解
E3		竣工模型构建	各专业竣工模型 竣工验收资料	验收	负责	配合	配合	配合

另外，BIM 策划方案中，BIM 经理及各参建单位 BIM 成员具体姓名、岗位和职责信息明确。BIM 协同数据环境包括统一的坐标系统和原点，统一的建模软件及版本，统一的度量单位，明确的模型拆分规则、模型文件命名规则、模型构件命名规则等。根据《建筑信息模型施工应用标准》（GB 51235—2017）和《上海市房屋建筑施工图、竣工建筑信息模型建模和交付要求（试行）》（沪建建管〔2021〕725 号），制定了项目级数据交付要求，制定了 BIM 专题会议机制、BIM 成果邮件分发机制、BIM 设计应用与项目管理融合流程、BIM 文档资料管理等 BIM 管理机制和流程等，同时制定了合理的、与工程进度计划匹配的 BIM 实施进度计划。

8.1.4　BIM 模型和应用成果

1. 施工图设计阶段 BIM 模型和应用成果

（1）施工图设计模型（图 8-4—图 8-6）；

（2）碰撞检查；

（3）管线综合；

（4）净高分析；

（5）虚拟漫游（图 8-7）；

图 8-4　施工图设计建筑专业模型

图 8-5　施工图设计结构专业模型

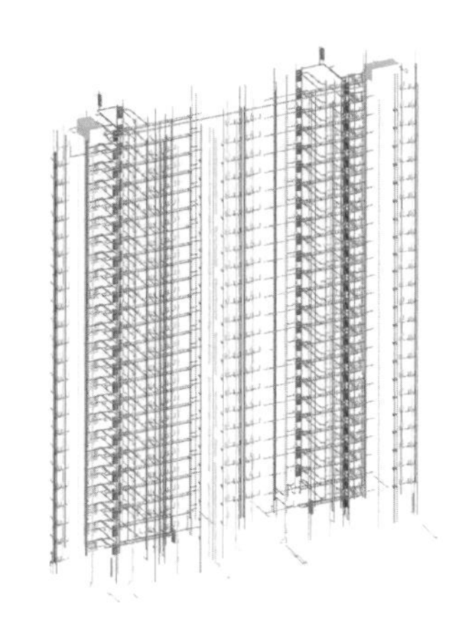

图 8-6　施工图设计机电专业模型

图 8-7　虚拟漫游截屏

（6）二维制图表达（图 8-8—图 8-9）；

（7）设计方案比选。

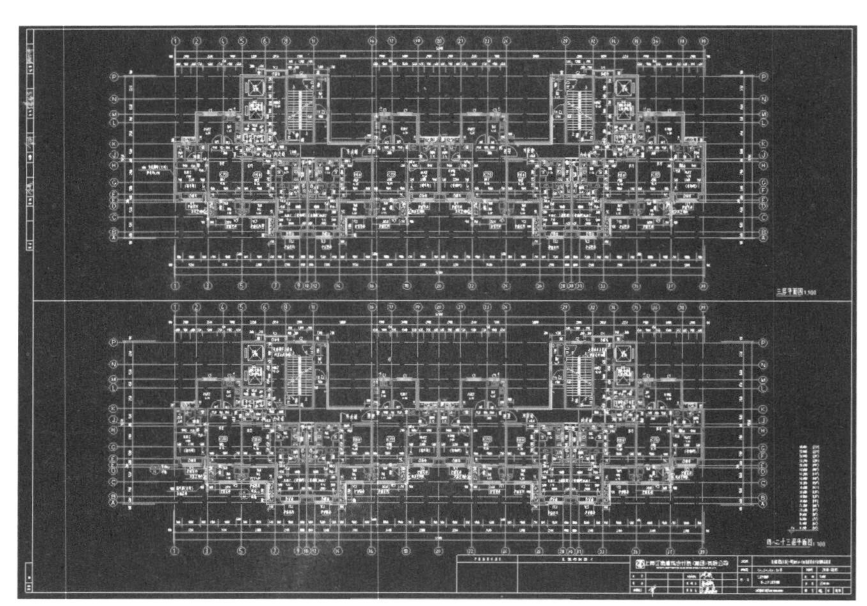

图 8-8 施工图设计建筑平面图

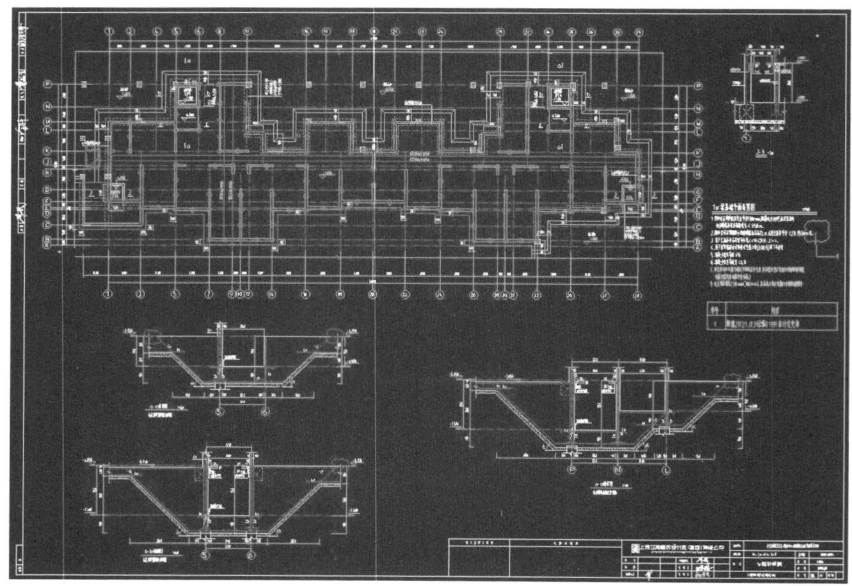

图 8-9 施工图设计结构平面图

2. 施工准备阶段 BIM 模型和应用成果

（1）施工深化模型（图 8–10）；

（2）施工场地规划（图 8–11—图 8–15）；

（3）施工方案模拟（图 8–16—图 8–17）。

图 8-10　机电管线深化设计模型

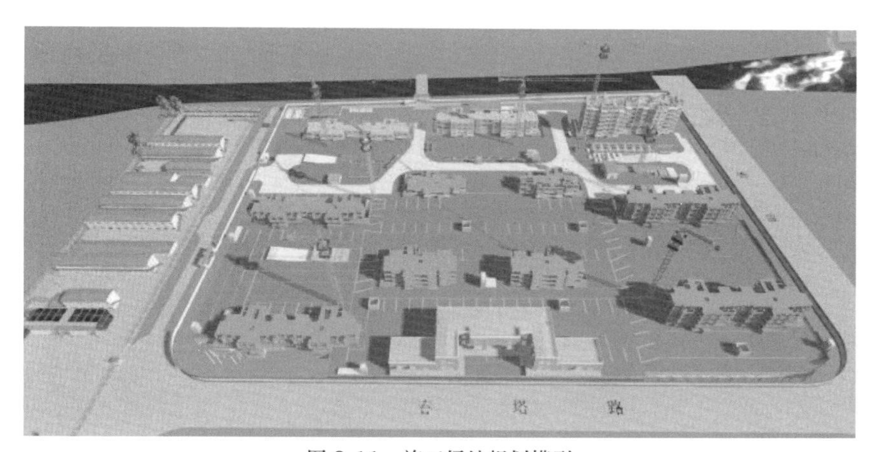

图 8-11　施工场地规划模型

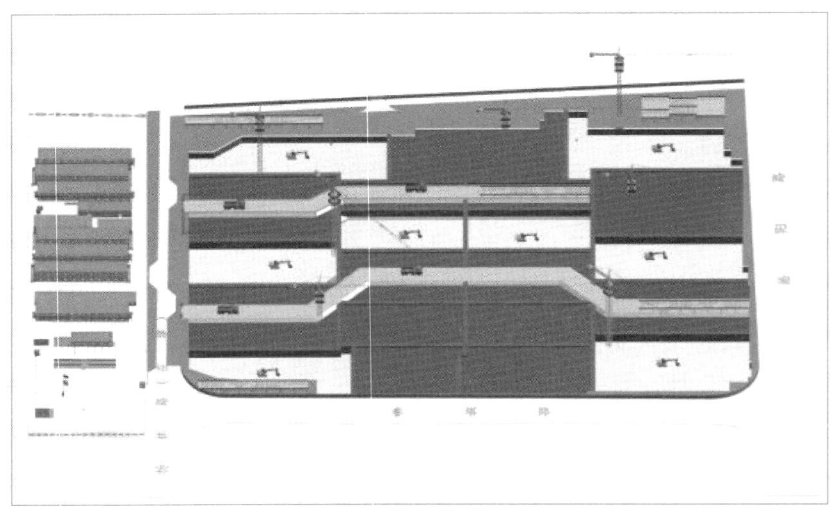

图 8-12 场地规划设计图（地下阶段工况）

图 8-13 场地规划设计图（地上阶段工况 1）

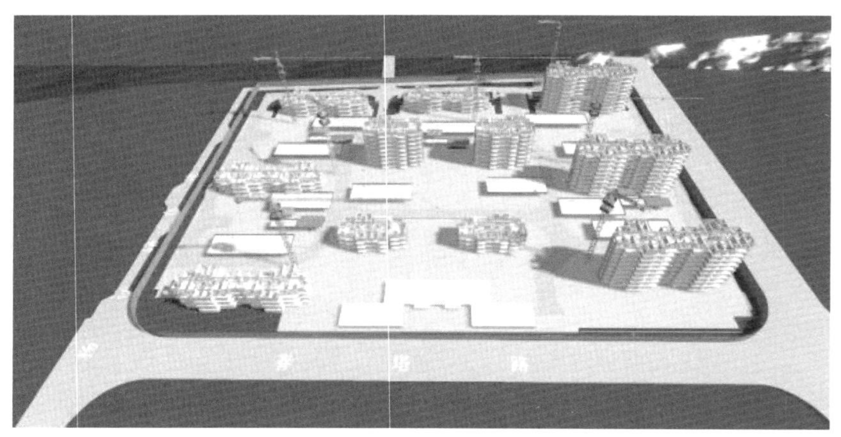

图 8-14 场地规划设计图（地上阶段工况 2）

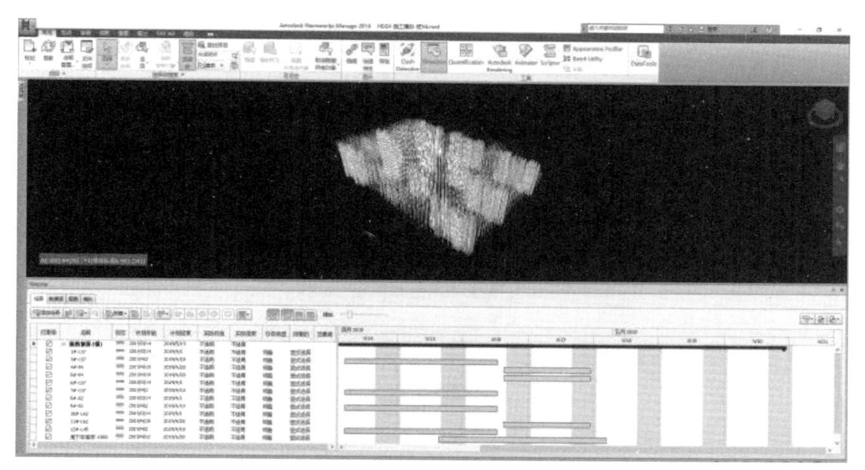

图 8-16　桩基施工过程演示模型

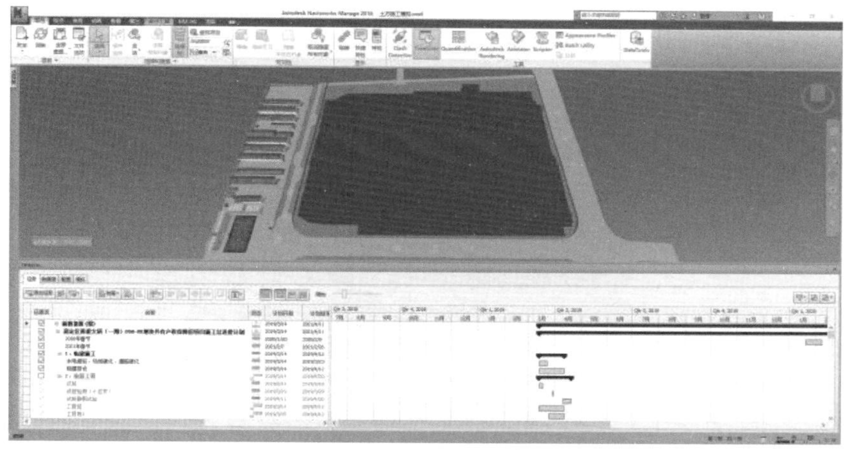

图 8-17　土方施工过程演示模型

3. 施工实施阶段 BIM 模型和应用成果

（1）施工过程模型（图 8–18—图 8–19）；

（2）进度控制与管理（图 8–20—图 8–21）；

（3）预算与成本控制（图 8–22—图 8–23）；

（4）质量与安全管理（图 8–24）；

（5）预制构件生产与加工（图 8–25）；

（6）预制构件信息管理（图 8–26）；

（7）BIM 协同管理平台（图 8–27）。

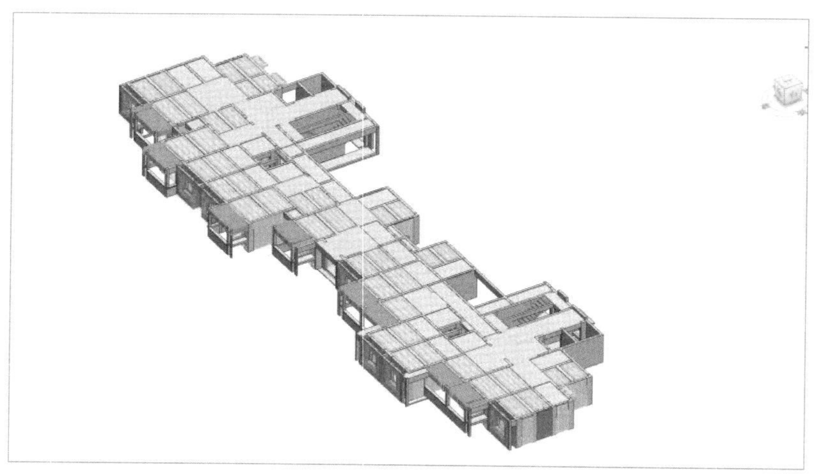

图 8-18 标准层预制构件深化模型

图 8-19 预制构件节点深化模型

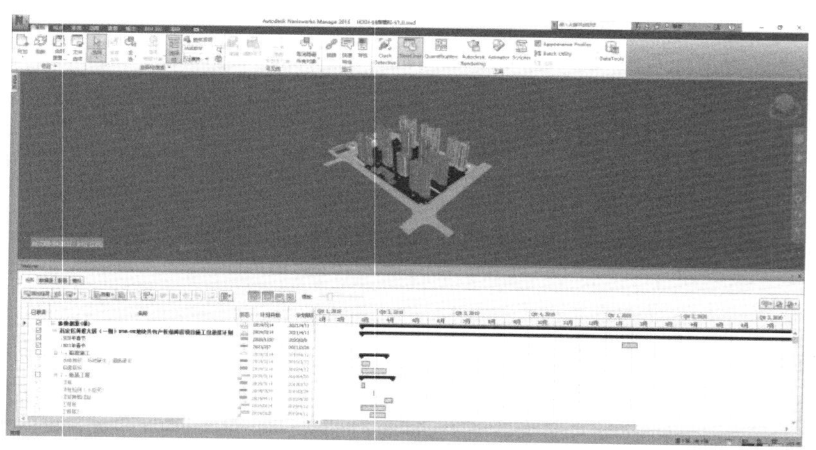

图 8-20 施工进度管理模型

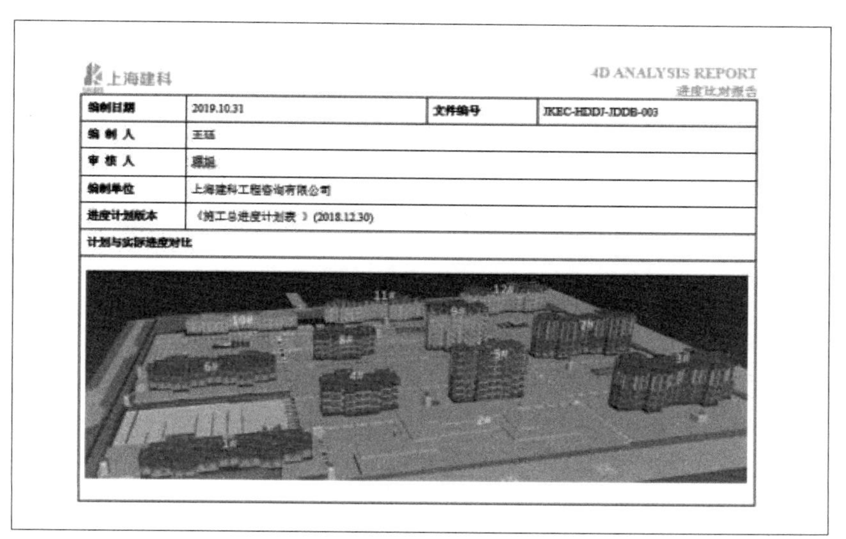

上海建科
4D ANALYSIS REPORT
进度比对报告

编制日期	2019.10.31	文件编号	JKEC-HDDJ-JDDB-003
编 制 人	[illegible]		
审 核 人	[illegible]		
编制单位	上海建科工程咨询有限公司		
进度计划版本	《施工总进度计划表 》(2018.12.30)		
计划与实际进度对比			

图 8-21　施工进度控制报告

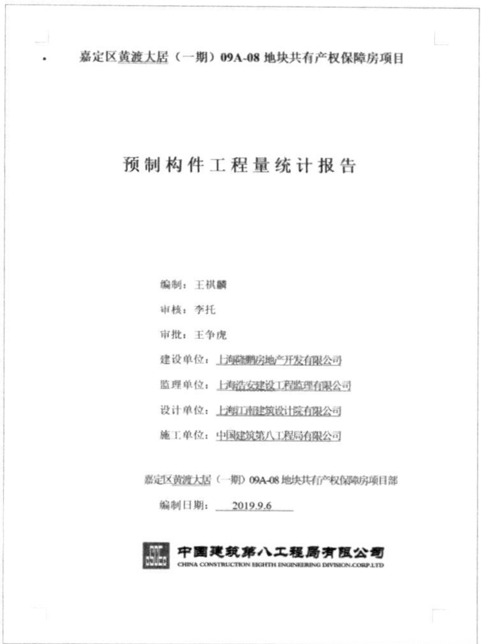

嘉定区黄渡大居（一期）09A-08 地块共有产权保障房项目

预制构件工程量统计报告

编制：王祺麟
审核：李托
审批：王争虎
建设单位：上海融鹏房地产开发有限公司
监理单位：上海浩安建设工程监理有限公司
设计单位：上海江南建筑设计院有限公司
施工单位：中国建筑第八工程局有限公司

嘉定区黄渡大居（一期）09A-08 地块共有产权保障房项目部
编制日期：2019.9.6

中国建筑第八工程局有限公司
CHINA CONSTRUCTION EIGHTH ENGINEERING DIVISION.CORP.LTD

图 8-22　预制构件材料统计报告封面

嘉定区黄渡大居（一期）09A-08 地块共有产权保障房项目

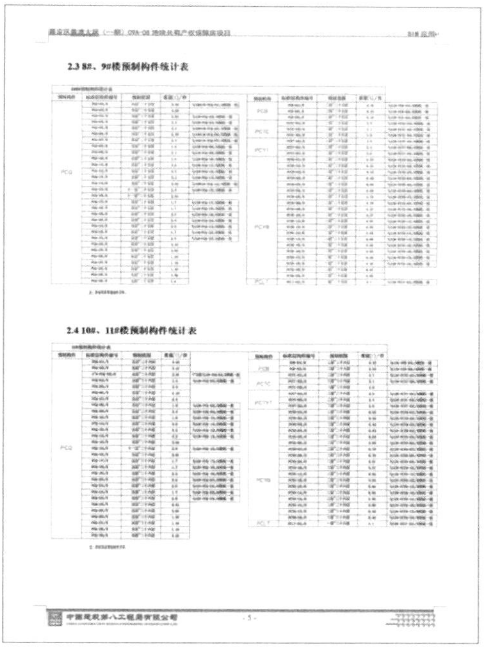

2.3 8#、9#楼预制构件统计表

2.4 10#、11#楼预制构件统计表

中国建筑第八工程局有限公司 -5-

图 8-23　预制构件材料统计报告内容页

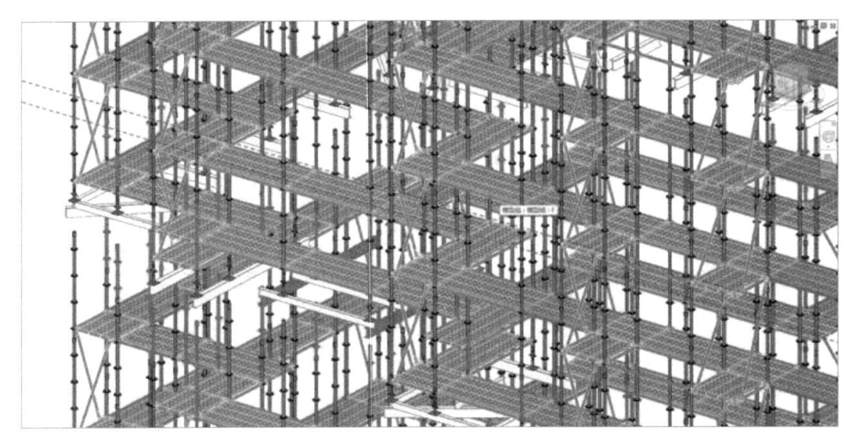

图 8-24　施工脚手架安全模型

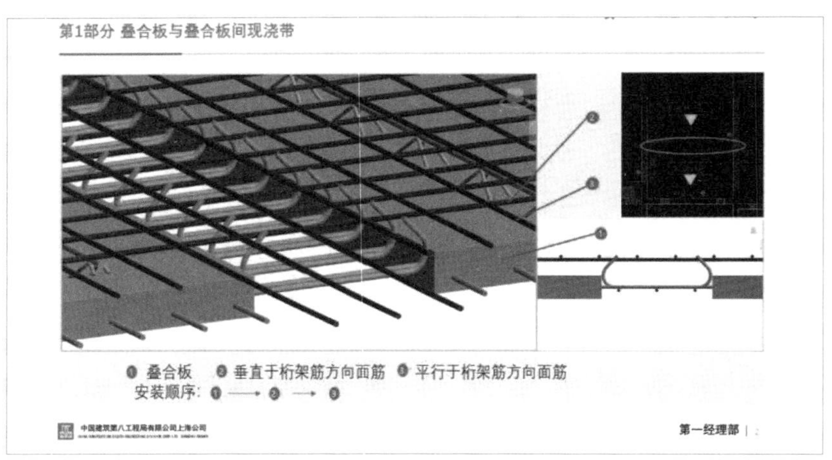

图 8-25　预制构件加工模型

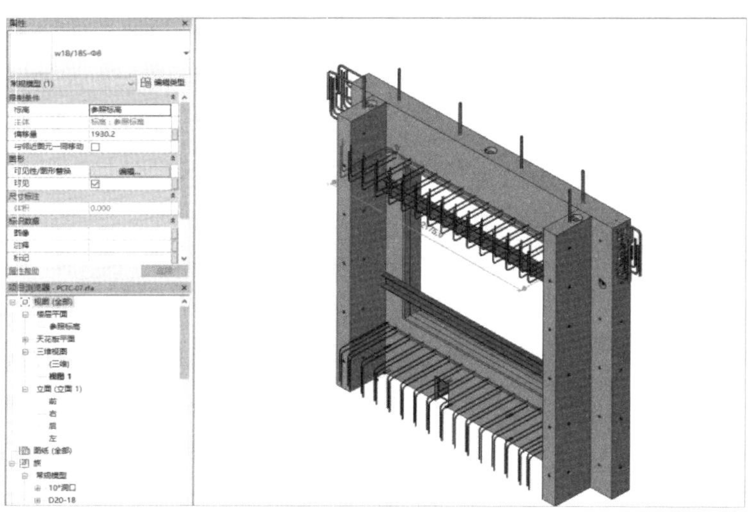

图 8-26　预制构件模型基本信息

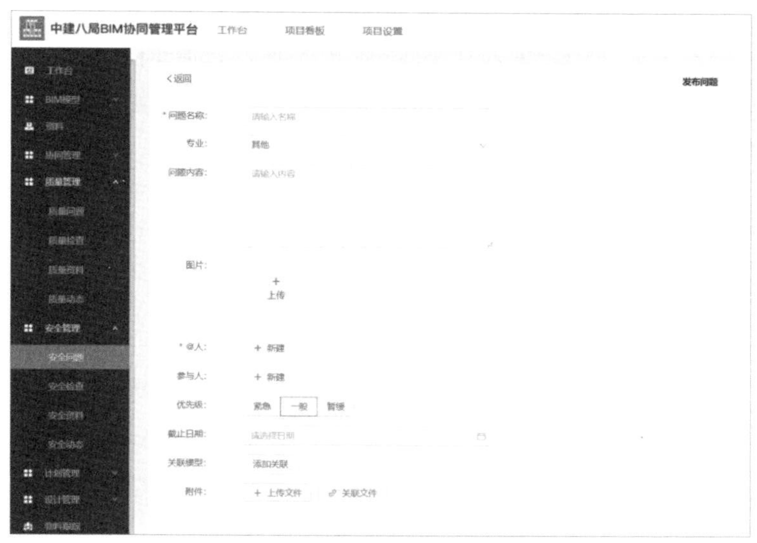

图 8-27　BIM 协同管理平台界面

8.2　BIM 合约监管

根据 8.1 节项目 BIM 合同签署情况，本项目 BIM 合约评估情况如表 8-3 所示。

表 8-3　BIM 合约评估表

序号	一级指标	二级指标	三级指标	评分规则	分值	得分
1	BIM 合约	报建表	报建阶段符合性	勾选设计和施工 2 个阶段或设计、施工、运维 3 个阶段，得 2 分； 勾选设计或施工阶段，得 1 分； 其他不得分	2	2
2		设计 / 施工 / BIM 咨询合同	应用项	应用项明确，得 2 分； 应用项不明确，得 1 分； 无应用项，不得分	2	2
3			应用成果	应用成果明确，得 2 分； 应用成果不明确，得 1 分； 无应用成果，不得分	2	2
4			成果深度	成果深度明确，得 2 分； 成果深度不明确，得 1 分； 无成果深度，不得分	2	2

续 表

序号	一级指标	二级指标	三级指标	评分规则	分值	得分
5	BIM 合约	设计 / 施工 / BIM 咨询合同	BIM 费用	BIM 费用单列，得 1 分； BIM 费用未单列，得 0.5 分； 无 BIM 费用，不得分	1	1
6			应用依据	应用依据准确，得 1 分； 应用依据不准确，得 0.5 分； 无应用依据，不得分	1	1
合计（分）						10

8.3 BIM 策划与过程监管

根据 8.1 节项目 BIM 策划与实施方案编制情况，结合过程资料检查情况，本项目 BIM 策划与过程评估情况如表 8–4 所示。

表 8-4 BIM 策划与过程评估表

序号	一级指标	二级指标	三级指标	评分规则	分值	分值
1	BIM 策划与过程监管	BIM 总体策划 /BIM 实施方案	完整性	内容完整，得 2 分； 内容不完整，得 1 分； 没有方案不得分	2	2
2			针对性	针对性强，得 2 分； 针对性一般，得 1 分； 缺乏针对性，不得分	2	2
3			规范性	内容规范，得 1 分； 内容不规范，不得分	1	1
4		过程监管	BIM 模型更新频率	模型更新及时，得 1 分； 模型更新不及时，得 0.5 分； 模型无更新，不得分	1	1
5			BIM 问题追踪解决率	有 BIM 问题追踪清单，且解决率 ≥ 80，得 2 分； 有 BIM 问题追踪清单，但解决率 < 80，得 1 分； 无 BIM 问题追踪清单，不得分	2	2

续　表

6	BIM 策划与过程监管	过程监管	重要人员到位率	有签到表，且重要人员到位率≥ 80，得 1 分； 有签到表，但重要人员到位率 < 80，得 1 分； 无签到表，不得分	1	1
7			BIM 协同管理情况	有协同管理平台，且业主、设计、施工等参建各方均参与协同，得 1 分； 有协同管理平台，但仅业主 / 设计 / 施工内部协同，得 0.5 分； 无协同管理平台，不得分	1	1
合计（分）						10

8.4　BIM 模型监管

项目检查时本项目处于施工实施阶段，建立的模型包括施工图模型、施工深化模型和施工过程模型，根据 8.1 节项目各阶段 BIM 建模情况，结合现场模型检查情况，3 个阶段 BIM 模型部分评估情况如表 8-5—表 8-7 所示。

3 个阶段模型评估得分加权平均后 BIM 模型最终得分为 35 分。

表 8-5　施工图 BIM 模型评估表

序号	一级指标	二级指标	三级指标	评分规则	分值	得分
1	BIM 模型	施工图 BIM 模型	模型完整性	模型完整，得 10 分； 少 1 类对象扣 1 分，扣完为止	10	9
2			模型合规性	模型合规，得 10 分； 抽查 5 处，1 处不合规扣 2 分，扣完为止	10	8
3			模型精细度	模型精细，得 10 分； 抽查 5 处，1 处不符合扣 2 分，扣完为止	10	8
4			图模一致性	图模一致，得 10 分； 抽查 5 处，1 处不一致扣 2 分，扣完为止	10	10
合计（分）						35

表 8-6 施工深化 BIM 模型评估表

序号	一级指标	二级指标	三级指标	评分规则	分值	得分
1	BIM 模型	施工深化 BIM 模型	模型完整性	模型完整，得 10 分； 少 1 类对象扣 1 分，扣完为止	10	10
2			模型合规性	模型合规，得 10 分； 抽查 5 处，1 处不合规扣 2 分，扣完为止	10	8
3			模型精细度	模型精细，得 10 分； 抽查 5 处，1 处不符合扣 2 分，扣完为止	10	8
4			图模一致性	图模一致，得 10 分； 抽查 5 处，1 处不一致扣 2 分，扣完为止	10	8
合计（分）						34

表 8-7 施工过程 BIM 模型评估表

序号	一级指标	二级指标	三级指标	评分规则	分值	得分
1	BIM 模型	施工过程 BIM 模型	模型完整性	模型完整，得 10 分； 少 1 类对象扣 1 分，扣完为止	10	10
2			模型合规性	模型合规，得 10 分； 抽查 5 处，1 处不合规扣 2 分，扣完为止	10	8
3			模型精细度	模型精细，得 10 分； 抽查 5 处，1 处不符合扣 2 分，扣完为止	10	8
4			图模一致性	图模一致，得 10 分； 抽查 5 处，1 处不一致扣 2 分，扣完为止	10	10
合计（分）						36

8.5 BIM 应用成果监管

项目检查时本项目处于施工实施阶段，共涉及 17 个 BIM 技术应用项，其中基础应用项 8 项，拓展应用项 7 项，创新应用项 2 项。根据 8.1 节项目各阶段 BIM 应用情况，结合现场 BIM 应用成果检查情况，三类应用的 BIM 应用部分评估情况如表 8–8 所示。

表 8-8　BIM 应用成果评估表

序号	一级指标	二级指标	三级指标	评分规则	分值	得分
1	BIM 应用项	基础应用	成果完整性	成果完整，得 6 分； 少 1 类成果扣 3 分，扣完为止	6	6
2			成果合规性	成果合规，得 3 分； 1 处不合规扣 1 分，扣完为止	3	3
3			成果质量	成果质量非常好，得 9 分； 成果质量较好，得 6 分； 成果质量一般，得 3 分； 成果质量较差，不得分	9	9
4		拓展应用	成果完整性	成果完整，得 6 分； 少 1 类成果扣 3 分，扣完为止	6	5
5			成果合规性	成果合规，得 3 分； 1 处不合规扣 1 分，扣完为止	3	3
6			成果质量	成果质量非常好，得 9 分； 成果质量较好，得 6 分； 成果质量一般，得 3 分； 成果质量较差，不得分	9	6
7		创新应用	成果完整性	成果完整，得 1 分； 不完整不得分	1	1
8			成果合规性	成果合规，得 1 分； 不合规不得分	1	1
9			成果质量	成果质量好，得 2 分； 成果质量一般，得 1 分； 成果质量较差，不得分	2	1
合计（分）						35

8.6　总体评估

通过对嘉定区黄渡大居（一期）09A-08 地块共有产权保障住房项目的 BIM 应用情况进行项目现场检查，最终得分 90 分。根据 7.2 节评估等级划分标准，本次评估结果为 A 级。

总体而言，项目在 BIM 合约、BIM 策划与过程监管方面表现优异，这说明建设单位对本项目的 BIM 应用非常重视，这为项目全过程 BIM 顺利实施提供了管理保障。同时，BIM 咨询单位和施工单位的 BIM 技术实力较强，为项目 BIM 的全面开展提供了技术保障。另外，施工图设计、施工准备、施工实施阶段的 BIM 模型质量良好，这说明 BIM 咨询单位和施工单位的 BIM 建模能力和施工深化能力优秀，这为项目的 BIM 技术基础应用、拓展应用和创新应用奠定了良好的基础。最后，能结合项目特点难点开展有针对性的 BIM 应用，BIM 应用成果表现良好，充分发挥了 BIM 的价值。

第 9 章　结论与展望

9.1　结　论

本书根据民用建筑过程监管特点，针对目前民用建筑 BIM 技术应用过程监管存在空白、项目实际应用 BIM 情况无法实时掌控和跟踪的现状，阐述了民用建筑 BIM 应用全过程监管要点，并结合案例进行了验证，有助于对项目实施各阶段的 BIM 技术实际应用情况做到全局掌控，最终为构建城市数字底座和数字化转型奠定基础。

主要成果归纳如下：

（1）以价值落地为导向，创新提出 BIM-CPMM 全过程监管四要素和 BIM 全过程监管框架矩阵。从 BIM 合约（Contract）、BIM 策划与过程（Plan）、BIM 模型（Model）、BIM 应用成果（Modeling）4 个维度和施工图设计、施工准备、施工实施和竣工验收 4 个阶段，建立了 BIM 全过程应用监管框架矩阵。

（2）形成了系统的民用建筑 BIM 应用全过程监管要点和方法。针对 BIM 全过程应用监管框架矩阵，阐述了施工图设计、施工准备、施工实施和竣工验收 4 个阶段的系统性监管要点和方法，既便于政府管理部门进行全过程检查，又方便业主、设计、施工、咨询等参建各方 BIM 管理和应用人员结合具体要求进行自查自检。

9.2　展　望

从 2014 年广东省、上海市等地发布《关于在本市推进建筑信息模型技术应用的指导意见》以来，10 年时间，全国的 BIM 技术取得了长足发展，一大批规模以上建设项目积极应用 BIM 技术，BIM 应用水平显著提高。

本书仅在民用建筑工程 BIM 技术应用全过程监管方面进行了研究，要把 BIM 全过程监管真正落到实处，后续需要攻克的难点还有很多。

1. 推进 BIM 智能辅助审查

为贯彻落实《住房和城乡建设部等部门关于加快新型建筑工业化发展的若干意见》（建标规〔2020〕8 号）、《关于进一步推进本市工程建设项目施工图设计文件审查改革工作的通知》（沪建建管联〔2021〕288 号）、《上海市全面推进建筑信息模型技术深化应用的实施意见》（沪住建规范联〔2023〕14 号）等文件要求，在部分项目试点的基础上，自 2024 年 2 月 1 日起，在上海市工程建设项目审批管理系统（简称“市工程审批系统”）中，上线了基于建筑信息模型技术的智能辅助审查子系统，以期进一步提升施工图审查效率和勘察设计质量。系统目前对房屋建筑工程的 BIM 模型，实施了建筑、结构、给排水、暖通、电气等专业的部分规范条文的智能辅助审查。试行范围为本市应当实施 BIM 技术应用的新建、改建和扩建的房屋建筑工程。

市建筑建材业市场管理总站未来会将 BIM 智能辅助审查情况纳入年度 BIM 技术应用落实情况检查工作中，如何对 BIM 智能辅助审查情况进行检查，完善事中事后监管措施有待进一步研究。

2. BIM 全过程监管数字化

将 BIM 监管情况纳入建设工程监督管理部门日常检查流程，形成全过程监管数据库，根据评估结果将项目划分为不同等级，实行差别化监管，不同等级的项目采用不同的检查频率，对检查结果较差的项目采用“回头看”等形式强化监管；对于检查结果表现优异的项目，减少或简化监管程序，甚至“免检”。从而对不同项目设定不同的监管方式、监管频率，使得有限的专家资源得到充分发挥，保证监管的有效性。

3. BIM 模型辅助现场验收

开展 360 全景技术、大模型技术、图像识别技术等前沿课题研究，探索基于 BIM 技术的竣工辅助验收技术，逐步推行工程建设项目在综合竣工验收阶段提交 BIM 模型。加快推进 BIM 智能辅助审查应用成果的转化，将 BIM 模型“一模到底”应用于工程项目建设全生命周期，形成 BIM 技术应用的良性循环。

参考文献

[1] AKSORN Thanet. Critical success factors influencing safety program performance in the construction projects[J]. Journal of safety Science, 2008(46): 709–727.

[2] DEJOY D M. Behavior change versus culture change: Divergent approaches to managing workplace safety[J]. Journal of safety Science, 2005(43): 05–129.

[3] GUO H L, LI H, SKITMORE M. Life cycle management of construction projects based on Virtual Prototyping technology[J]. Journal of Management in Engineering，2010, 26(1): 41–47.

[4] THOMAS S, CHENG Kam Pong. A framework for evaluating the safety performance of construction contractors[J]. Journal of Building and Environment, 2005(40): 1 347–1 355.

[5] 陈恒 . 浅谈新形势下建设工程质量政府监督管理模式及方法 [J]. 中华民居，2012(6): 401–402.

[6] 陈建国，周兴 . 基于 BIM 的建设工程多维集成管理的实现基础 [J]. 科技进步与对策，2008(10): 150–153.

[7] 陈丽娟 . 基于 BIM 的地铁施工空间安全管理研究 [D]. 武汉：华中科技大学，2012.

[8] 程刚 . 建设工程质量政府监督机构设置与运行方式研究 [D]. 杭州：浙江大学， 2004.

[9] 崔淑梅，徐卫东 . 建筑安全监督与管理的手段与方法研究 [J]. 建筑安全，2008 (10): 14–16.

[10] 丰亮，陆惠民 . 基于 BIM 的工程项目信息系统设计构想 [J]. 建筑管理现代化，2009(4): 362–366.

[11] 郭汉丁 . 国外建设工程质量监督管理的特征与启示 [J]. 建筑管理现代化 , 2005(5):4.

[12] 郭汉丁 . 建设工程质量政府监督管理 [M]. 北京：化学工业出版社，2004.

[13] 郭汉丁 . 试析施工中建设工程质量政府监督管理 [J]. 工程建设与设计，2005(2):2.

[14] 何关培，李刚（Elvis）. 那个叫 BIM 的东西究竟是什么 [M] . 北京：中国建筑工业出版社，2011.

[15] 何关培 . BIM 总论 [M] . 北京：中国建筑工业出版社，2011: 18–19.

[16] 何清华，韩翔宇 . 基于 BIM 的进度管理系统框架构建和流程设计 [J]. 项目管理技术，2011，9(9): 96–99.

[17] 何清华，钱丽丽，段运峰 . BIM 在国内外应用的现状及障碍研究 [J]. 工程管理学报，2012(26): 12–14.

[18] 黄彤军 . 我国工程质量监督管理存在的问题及对策 [J]. 职业圈，2007(12S): 2.

[19] 黄雪群 . 建设工程安全政府监督管理研究 [D]. 重庆 : 重庆大学，2009.

[20] 柯凌 . 论工程质量监督机构对工程质量的责任 [J]. 工程质量， 2005(1): 3-7.

[21] 梁博 . 新加坡工程项目管理政府监管信息化进展研究及启示 [J]. 工程设计与计算机技术，2012(11): 29-30 .

[22] 马智亮,娄喆 . IFC标准在我国建筑工程成本预算中应用的基本问题探讨[J]. 土木建筑工程信息技术，2009，2(1): 7-13.

[23] 彭文季 . 对当前建筑工程安全监管工作的思考 [J]. 建筑安全，2013(5): 32-33.

[24] 齐聪，苏鸿根 . 关于 Revit 平台工程量计算软件的若干问题的探讨 [J]. 计算机工程与设计，2008，29(14): 60-62.

[25] 齐鸣，刘宝山，袁定超 . 全面质量管理在香港迪士尼工程中的综合运用[J]. 施工技术，2005, 34(11): 3.

[26] 寿文池 . BIM 环境下的工程项目管理协同机制研究 [D]. 重庆：重庆大学，2014.

[27] 唐海林 . 青岛市建设工程质量政府监督研究 [D]. 杭州：浙江大学，2002.

[28] 王广斌，张洋，谭丹 . 基于 BIM 的工程项目成本核算理论及实现方法研究 [J]. 科技进步与对策，2009(21): 47-49.

[29] 王柯 . 基于 IFC 的 3D+ 建筑工程费用维的信息模型研究 [D]. 上海：同济大学，2007.

[30] 王炼 . 武昌区工程监管信息化建设研究 [J]. 建筑监督检测与造价，2012(11): 29-30.

[31] 王青薇，张建平 . 基于 BIM 的工程投资控制研究 [J]. 工业建筑，2011(41): 1 016-1 019.

[32] 吴松 . 加强信息化建设创新监督机制 [J]. 建筑监督检测与造价，2012(12): 9-10.

[33] 吴学锋 . 关于建设工程质量政府监督管理模式的创新思考 [J]. 四川建筑，2005, 25(4): 2.

[34] 杨川 . 建设工程质量政府监督机制研究 [D]. 重庆：重庆大学，2004.

[35] 张建平 . 基于 BIM 和 4D 技术的建筑施工优化及动态管理 [J]. 中国建设信息，2010(2): 18-23.

[36] 张全胜，周季良 . 我国建筑安全监督管理的对策与建议简析 [J]. 建筑安全，2008(5): 17-18.

[37] 张士胜，吴新华 . 基于全过程的工程质量政府监管体系研究 [J]. 项目管理技术，2011(7): 3.

[38] 张树捷 . BIM 在工程造价管理中的应用研究 [J]. 建筑经济，2012(02): 21-24.

[39] 张文彬，韦文国. 建筑信息模型在工程项目管理中的研究和应用 [J]. 山西建筑，2008，34(28): 223-224.

[40] 张邑 . 建设工程质量的政府监督 [D]. 天津：天津大学，2005.

[41] 张泳，付君，王全凤 . 建筑信息模型的建设项目管理 [J]. 华侨大学学报（自然科学版），2008，29(03): 424-426.

[42] 赵毅立 . 下一代建筑节能设计系统建模及 BIM 数据管理平台研究 [D]. 北京：清华大学，2008.

[43] 周勇 . 中外建筑工程质量管理中政府监督作用的对比研究 [J]. 建筑施工，2006, 28(4): 3.

[44] 建筑工程设计信息模型制图标准： JGJ/T 448–2018 [S]. 北京：中国建筑工业出版社，2018.

[45] 建筑工程施工信息模型应用标准：GB/T 51235–2017 [S]. 北京：中国建筑工业出版社，2019.

[46] 建筑信息模型分类和编码标准：GB/T 51269–2017 [S]. 北京：中国建筑工业出版社，2017.

[47] 建筑信息模型设计交付标准：GB/T 51301–2018 [S]. 北京：中国建筑工业出版社，2018.

[48] 建筑信息模型应用统一标准：GB/T 51212–2016 [S]. 北京：中国建筑工业出版社，2016.

[49] 上海市建筑信息模型应用标准：DG/TJ 08–2201–2016 [S]. 上海：同济大学出版社，2016.